1+X 职业技能鉴定考核指导手册

室内装饰装修质量检验员

三 级

编审委员会

主　　任	仇朝东				
委　　员	葛恒双	顾卫东	宋志宏	杨武星	孙兴旺
	刘汉成	张　伟			
执行委员	孙兴旺	张鸿樑	李　晔	瞿伟洁	韩贵红

中国劳动社会保障出版社

图书在版编目(CIP)数据

室内装饰装修质量检验员:三级/上海市职业培训研究发展中心组织编写. —北京:中国劳动社会保障出版社,2009

1+X职业技能鉴定考核指导手册

ISBN 978-7-5045-7946-1

Ⅰ.室… Ⅱ.上… Ⅲ.室内装饰-工程装修-质量检验-职业技能鉴定-自学参考资料 Ⅳ.TU767

中国版本图书馆 CIP 数据核字(2009)第 099539 号

中国劳动社会保障出版社出版发行

(北京市惠新东街1号 邮政编码:100029)

出版人:张梦欣

*

新华书店经销
北京地质印刷厂印刷 三河市华东印刷装订厂装订
787毫米×960毫米 16开本 11印张 175千字
2009年6月第1版 2009年6月第1次印刷
定价:19.00元

读者服务部电话:010—64929211
发行部电话:010—64927085
出版社网址:http://www.class.com.cn
版权专有 侵权必究
举报电话:010—64954652

前　言

职业资格证书制度的推行，对广大劳动者系统地学习相关职业的知识和技能，提高就业能力、工作能力和职业转换能力有着重要的作用和意义，也为企业合理用工以及劳动者自主择业提供了依据。

随着我国科技进步、产业结构调整以及市场经济的不断发展，特别是加入世界贸易组织以后，各种新兴职业不断涌现，传统职业的知识和技术也愈来愈多地融进当代新知识、新技术、新工艺的内容。为适应新形势的发展，优化劳动力素质，上海市人力资源和社会保障局在提升职业标准、完善技能鉴定方面做了积极的探索和尝试，推出了1＋X培训鉴定模式。1＋X中的1代表国家职业标准，X是为适应上海市经济发展的需要，对职业标准进行的提升，包括了对职业的部分知识和技能要求进行的扩充和更新。上海市1＋X的培训鉴定模式，得到了国家人力资源和社会保障部的肯定。

为配合上海市开展的1+X培训与鉴定考核的需要，使广大职业培训鉴定领域专家以及参加职业培训鉴定的考生对考核内容和具体考核要求有一个全面的了解，人力资源和社会保障部教材办公室、中国就业培训技术指导中心上海分中心、上海市职业培训研究发展中心联合组织有关方面的专家、技术人员共同编写了《1＋X职业技能鉴定考核指导手册》。该手册由"理论知识复习题""操作技能复习题"和"理论知识模拟试卷及操作技能模拟试卷"三大块内容组成，书中介绍了题库的命题依据、试卷结构和题型题量，同时从上海市1+X鉴定题库中抽取部分理论知识题、操作技能试题和模拟样卷供考生参考和练习，便于考生能够有针对性地进行考前复习准备。今后我们会随着国家职业标准以及鉴定题库的提升，逐步对手册内容进行补充和完善。

本系列手册在编写过程中，得到了有关专家和技术人员的大力支持，在此一并表示感谢。

由于时间仓促，缺乏经验，如有不足之处，恳请各使用单位和个人提出宝贵意见和建议。

1+X职业技能鉴定考核指导手册
编审委员会

目 录

CONTENTS 1+X 职业技能鉴定考核指导手册

室内装饰装修质量检验员职业简介 ……………………………………（1）

第1部分　室内装饰装修质量检验员（三级）鉴定方案 …………（2）

第2部分　鉴定要素细目表 ………………………………………………（4）

第3部分　理论知识复习题 ………………………………………………（18）

  检验前的准备 …………………………………………………………（18）

  检验、控制 ……………………………………………………………（52）

第4部分　操作技能复习题 ………………………………………………（95）

  检验前的准备 …………………………………………………………（95）

  检验、控制 ……………………………………………………………（105）

  培训、指导 ……………………………………………………………（118）

第5部分　理论知识考试模拟试卷及答案 …………………………（126）

第6部分　操作技能考核模拟试卷 ……………………………………（147）

室内装饰装修质量检验员职业简介

一、职业名称

室内装饰装修质量检验员。

二、职业定义

室内装饰装修质量检验员,是指运用客观物质技术和主观判断能力,依据验收标准、技术规范、合同及设计要求,从事建筑物内部和封闭环境内部装饰装修质量检验的专业人员。

三、主要工作内容

从事本职业的人员应具有较强的表达能力,手指、手臂应灵活,无色盲、色弱,能从事室内装饰装修质量的检验工作。

从事的工作主要包括:(1)识读室内装饰装修工程施工图,识别与使用检验设备,对室内装饰装修质量实施检验操作;(2)对室内装饰装修中智能、采暖、通风与空调分项的安装质量进行检验及进行室内空气质量的检验采样,对室内装饰装修工程检验结果进行判断以及分析质量问题产生原因,并指导四级技术人员开展室内装饰装修质量检验工作;(3)根据室内装饰装修施工组织计划提出质量检验和控制的关键环节,对质量返工进行预算,对室内装饰装修工程质量问题提出防治措施,对室内装饰装修工程质量进行鉴定和评估,并指导三级、四级技术人员开展室内装饰装修质量检验工作。

第1部分

室内装饰装修质量检验员(三级)鉴定方案

一、鉴定方式

室内装饰装修质量检验员(三级)的鉴定方式分为理论知识考试和操作技能考核。理论知识考试采用闭卷计算机机考方式,操作技能考核采用现场实际操作方式。理论知识考试和操作技能考核均实行百分制,成绩皆达60分及以上者为合格。理论知识或操作技能不及格者可按规定分别补考。

二、理论知识考试方案(考试时间90 min)

题型、题量 题型	考试方式	鉴定题量	分值(分/题)	配分(分)
判断题	闭卷机考 (或笔试)	40	0.5	20
单项选择题		120	0.5	60
多项选择题		20	1	20
小计	—	180	—	100

三、操作技能考核方案

考核项目表

职业（工种）名称			室内装饰装修质量检验员	等级		三级	
职业代码							
序号	项目名称	单元编号	单元内容	考核方式	选考方法	考核时间（min）	配分（分）
1	检验前的准备	1	相关法规和技术基础	笔试	必考	30	20
2	检验、控制	1	质量检验与工程判定	笔试	必考	60	30
		2	室内装饰装修的质量通病原因分析	笔试	必考	60	20
3	培训、指导	1	检验流程和方案	笔试	必考	30	30
合　　计						180	100
备注							

第 2 部分

鉴定要素细目表

序号	职业（工种）名称			室内装饰装修质量检验员	等级	三级
	职业代码					
序号	鉴定点代码				鉴定点内容	备注
	章	节	目	点		
	1				检验前的准备	
	1	1			产品质量的监督	
	1	1	1		生产者、销售者的产品质量责任和义务	
1	1	1	1	1	生产者与产品质量的关系	
2	1	1	1	2	销售者与产品质量的关系	
3	1	1	1	3	损害赔偿	
4	1	1	1	4	计量基准器具、计量标准器具和计量检定	
5	1	1	1	5	计量器具管理	
6	1	1	1	6	计量监督	
7	1	1	1	7	法律责任	
8	1	1	1	8	合同的订立	
9	1	1	1	9	合同的效力	
10	1	1	1	10	合同的履行	
11	1	1	1	11	违约责任	
12	1	1	1	12	建筑工程监理法规	
13	1	1	1	13	建设工程质量管理条例	

续表

职业（工种）名称				室内装饰装修质量检验员	等级	三级
职业代码						

序号	鉴定点代码				鉴定点内容	备注
	章	节	目	点		
14	1	1	1	14	住宅室内装饰装修管理办法	
15	1	1	1	15	建筑装饰装修工程质量验收规范	
16	1	1	1	16	住宅装饰装修验收标准	
17	1	1	1	17	民用建筑室内环境污染控制规范	
18	1	1	1	18	室内装饰装修工程施工的质量要求	
19	1	1	1	19	室内装饰装修环境污染的基本知识	
20	1	1	1	20	室内装饰装修现行国家、地方、行业的验收标准要求	
	1	1	2		质量、工艺	
21	1	1	2	1	建筑工程施工质量验收统一标准的制定	
22	1	1	2	2	质量事故分析	
23	1	1	2	3	施工技术、施工工艺	
24	1	1	2	4	室内装饰装修工程各分项工程的质量通病知识	
	1	1	3		培训、指导	
25	1	1	3	1	检验流程知识	
26	1	1	3	2	检验方案要求	
27	1	1	3	3	质量检验的工作内容	
28	1	1	3	4	建筑地面工程施工质量验收规范	
29	1	1	3	5	建筑电气工程施工质量验收规范	
30	1	1	3	6	建筑结构分类	
31	1	1	3	7	建筑设备的基本知识	
32	1	1	3	8	室内装饰装修工程施工技术与工艺要求	
33	1	1	3	9	室内装饰装修材料人造板及其制品中甲醛释放限量	
34	1	1	3	10	室内装饰装修材料溶剂型木器中有害物质限量	
35	1	1	3	11	室内装饰装修材料内墙涂料中有害物质限量	
36	1	1	3	12	室内装饰装修材料胶粘剂中有害物质限量	
37	1	1	3	13	室内装饰装修材料木家具中有害物质限量	

续表

职业（工种）名称				室内装饰装修质量检验员	等级	三级
职业代码						
序号	鉴定点代码				鉴定点内容	备注
	章	节	目	点		
38	1	1	3	14	室内装饰装修材料壁纸中有害物质限量	
39	1	1	3	15	室内装饰装修材料聚氯乙烯卷材地板中有害物质限量	
40	1	1	3	16	室内装饰装修材料地毯、地毯衬垫及地毯用胶粘剂中有害物质释放限量	
	1	1	4		职业道德	
41	1	1	4	1	职业道德概述	
42	1	1	4	2	职业道德的特点	
43	1	1	4	3	职业道德的社会作用	
44	1	1	4	4	职业道德与法的区别	
45	1	1	4	5	影响道德水准的因素	
46	1	1	4	6	室内装饰装修行业质量检验人员职业道德	
	1	2			室内装饰装修材料基本知识	
	1	2	1		室内装饰装修材料概论	
47	1	2	1	1	室内装饰装修材料的基本性质	
48	1	2	1	2	建筑装饰水泥、砂浆的用途	
49	1	2	1	3	常用的装饰石材分类	
50	1	2	1	4	常用的装饰板材分类	
51	1	2	1	5	建筑陶瓷和建筑玻璃分类	
52	1	2	1	6	室内装饰装修涂料的特性	
53	1	2	1	7	卫生洁具及配件	
	1	2	2		水电设备的基本知识	
54	1	2	2	1	给水管道安装	
55	1	2	2	2	排水管道安装	
56	1	2	2	3	电气设备安装	
57	1	2	2	4	基本构件安装	
58	1	2	2	5	结构分类	

续表

职业（工种）名称					室内装饰装修质量检验员	等级	三级
职业代码							
序号	鉴定点代码				鉴定点内容	备注	
	章	节	目	点			
59	1	2	2	6	结构施工图纸的识读		
60	1	2	2	7	室内给水系统设备的基本知识		
61	1	2	2	8	室内排水系统设备的基本知识		
62	1	2	2	9	室内电气系统设备的基本知识		
63	1	2	2	10	室内采暖设备的基本知识		
64	1	2	2	11	室内通风设备的基本知识		
65	1	2	2	12	室内空调设备的基本知识		
66	1	2	2	13	室内智能设备的基本知识		
67	1	2	2	14	室内装饰施工的基本知识		
68	1	2	2	15	室内装饰装修工程施工的范围和技术发展		
69	1	2	2	16	室内装饰装修工程装饰施工技术		
70	1	2	2	17	室内装饰装修工程设备安装技术		
71	1	2	2	18	室内装饰装修工程装饰施工的质量要求		
72	1	2	2	19	室内装饰装修工程设备安装的质量要求		
73	1	2	2	20	室内装饰装修环境污染		
74	1	2	2	21	室内环境中空气的主要污染物及其限值标准		
75	1	2	2	22	室内装饰装修后室内环境中空气污染物的来源		
76	1	2	2	23	室内装饰装修后室内环境中空气污染物的检测		
	1	3			装饰工程特点		
	1	3	1		装饰工程施工准备原则		
77	1	3	1	1	装饰施工的进度管理		
78	1	3	1	2	装饰施工的工料控制——工费控制		
79	1	3	1	3	装饰施工的工料控制——材料费控制		
80	1	3	1	4	装饰施工的工料控制——工程索赔		
81	1	3	1	5	防止火灾的办法及措施		
82	1	3	1	6	安全用电要点		

续表

职业（工种）名称					室内装饰装修质量检验员	等级	三级
职业代码							
序号	鉴定点代码				鉴定点内容	备注	
	章	节	目	点			
83	1	3	1	7	预防物体打击事故的措施		
84	1	3	1	8	防止机械伤害事故要点		
85	1	3	1	9	防止高空坠落要点——洞口、临边防护		
86	1	3	1	10	防止高空坠落要点——沿施工防护		
87	1	3	1	11	装修施工主要安全管理制度		
88	1	3	1	12	构成装饰工程质量的要素——装饰基层质量		
89	1	3	1	13	构成装饰工程质量的要素——装饰设计质量		
90	1	3	1	14	构成装饰工程质量的要素——装饰材料质量		
91	1	3	1	15	构成装饰工程质量的要素——装饰工艺水平		
92	1	3	1	16	装饰工程质量控制制度——放线、验线制度		
93	1	3	1	17	装饰工程质量控制制度——材料审批、检验制度		
94	1	3	1	18	装饰工程质量控制制度——执行施工任务单制度		
95	1	3	1	19	装饰工程质量控制制度——工序流程交接制度		
96	1	3	1	20	装饰工程质量控制制度——工艺标准制度		
97	1	3	1	21	装饰工程质量控制制度——工人考核上岗制度		
98	1	3	1	22	装饰工程质量控制制度——成品保护制度		
99	1	3	1	23	装饰工程质量控制制度——质量检查、验收与奖惩制度		
100	1	3	1	24	装饰质量检查、验收		
101	1	3	1	25	与装饰工程有关的隐蔽工程检查项目和施工试验项目		
102	1	3	1	26	奖惩制度		
103	1	3	1	27	装饰收尾工程的特点		
104	1	3	1	28	装饰工程的竣工与交工内容		
105	1	3	1	29	装饰工程竣工验收资料		
106	1	3	1	30	装饰工程交工验收工作的程序		
	1	3	2		房屋建筑图相关知识		
107	1	3	2	1	房屋建筑图的分类		

续表

职业（工种）名称					室内装饰装修质量检验员	等级	三级
职业代码							
序号	鉴定点代码				鉴定点内容	备注	
	章	节	目	点			
108	1	3	2	2	建筑总平面图的形成与作用		
109	1	3	2	3	建筑总平面图的图例与内容		
110	1	3	2	4	平面图的形成与作用		
111	1	3	2	5	平面图的内容与图例		
112	1	3	2	6	剖面图的形成与作用		
113	1	3	2	7	剖面图的有关规定及要求		
114	1	3	2	8	立面图的形成与作用		
115	1	3	2	9	立面图的有关规定和要求		
116	1	3	2	10	绘制建筑施工图的步骤和方法		
117	1	3	2	11	装饰工程施工图		
118	1	3	2	12	装饰工程施工图的有关规定		
119	1	3	2	13	平面布置图的识读		
120	1	3	2	14	平面布置图的图示内容		
121	1	3	2	15	楼梯详细的画法步骤		
122	1	3	2	16	结构施工图的内容		
123	1	3	2	17	房屋结构简介		
124	1	3	2	18	钢筋混凝土结构基本知识		
125	1	3	2	19	基础施工图——条形基础		
126	1	3	2	20	基础施工图——独立基础		
127	1	3	2	21	基础施工图——地梁连接的柱基础		
128	1	3	2	22	钢筋混凝土构件图		
129	1	3	2	23	钢筋混凝土梁		
130	1	3	2	24	钢筋混凝土柱		
131	1	3	2	25	钢筋混凝土板		
132	1	3	2	26	钢筋混凝土楼梯构件图		
133	1	3	2	27	结构布置平面图		

续表

职业（工种）名称					室内装饰装修质量检验员	等级	三级
职业代码							
序号	鉴定点代码				鉴定点内容	备注	
	章	节	目	点			
134	1	3	2	28	楼层结构平面图		
135	1	3	2	29	结构平面图的形成		
136	1	3	2	30	结构施工图的主要内容		
137	1	3	2	31	基础平面图		
138	1	3	2	32	基础详图		
139	1	3	2	33	文字说明		
140	1	3	2	34	结构布置平面图整体表示法		
141	1	3	2	35	现浇整体式楼结构布置图		
142	1	3	2	36	现浇整体式楼盖详图		
143	1	3	2	37	平法施工图		
	1	3	3		制图有关基本知识和相关规范		
144	1	3	3	1	投影基本知识		
145	1	3	3	2	点的投影		
146	1	3	3	3	直线的投影		
147	1	3	3	4	平面的投影		
148	1	3	3	5	投影变换		
	1	3	4		室内装饰装修工程安装图		
149	1	3	4	1	安装以及给排水图		
150	1	3	4	2	给水图的表示方法		
151	1	3	4	3	给水图的要点		
152	1	3	4	4	排水的表示方法		
153	1	3	4	5	建筑给排水施工图审查要点		
	2				检验、控制		
	2	1			检验设备基本知识		
	2	1	1		识别各种室内装饰装修质量检验的检验设备及计量状态标识		

续表

职业（工种）名称				室内装饰装修质量检验员	等级	三级
职业代码						
序号	鉴定点代码				鉴定点内容	备注
	章	节	目	点		
154	2	1	1	1	识别各种检验工具的外形及名称	
155	2	1	1	2	识别各种检验仪器的外形及名称	
156	2	1	1	3	识别各种检验设备的计量状态	
	2	1	2		各种室内装饰装修质量检验设备的用途及使用	
157	2	1	2	1	检验工具的用途	
158	2	1	2	2	检验工具的使用方法	
159	2	1	2	3	检验仪器的用途	
160	2	1	2	4	检验仪器的使用方法	
161	2	1	2	5	检验设备保养、维护	
	2	1	3		室内安装设备质量检验要求	
162	2	1	3	1	室内智能工程质量要求、检验方法及检验结果的判断	
163	2	1	3	2	室内采暖工程质量要求、检验方法及检验结果的判断	
164	2	1	3	3	室内通风工程质量要求、检验方法及检验结果的判断	
165	2	1	3	4	室内空调工程的质量要求、检验方法及检验结果的判断	
166	2	1	3	5	室内装饰装修工程空气质量的检验采样	
167	2	1	3	6	建筑工程施工质量验收统一验收标准	
168	2	1	3	7	检测原始记录的填写	
169	2	1	3	8	原始记录的管理规定	
170	2	1	3	9	原始记录的审核制度	
171	2	1	3	10	抽样方案的确定	
172	2	1	3	11	建筑安全生产管理的基本内容	
173	2	1	3	12	室内装饰装修工程检验结果	
174	2	1	3	13	装饰抹灰工程的质量通病及原因分析	
175	2	1	3	14	地面工程的质量通病及原因分析	
176	2	1	3	15	门窗工程的质量通病及原因分析	
177	2	1	3	16	隔墙工程的质量通病及原因分析	

续表

职业（工种）名称				室内装饰装修质量检验员	等级	三级
职业代码						
序号	鉴定点代码			鉴定点内容	备注	
	章	节	目	点		
178	2	1	3	17	吊顶工程的质量通病及原因分析	
179	2	1	3	18	油漆、涂料质量通病及防治	
180	2	1	3	19	饰面板（砖）工程质量通病及防治	
181	2	1	3	20	裱糊与软包工程的质量通病及原因分析	
182	2	1	3	21	幕墙工程质量通病及防治	
183	2	1	3	22	室内电气安装工程的质量通病及原因分析	
184	2	1	3	23	卫浴设备安装工程的质量通病及原因分析	
	2	1	4		室内防水工程设计	
185	2	1	4	1	室内防水工程的特点	
186	2	1	4	2	室内防水材料的选用原则	
187	2	1	4	3	建筑室内防水构造设计	
	2	1	5		地面工程装饰施工工艺	
188	2	1	5	1	石材地面类型及装饰构造方法	
189	2	1	5	2	石材地面装饰工艺流程	
190	2	1	5	3	石材地面铺装施工要求	
191	2	1	5	4	石材地面铺贴注意事项	
192	2	1	5	5	铺贴陶瓷地面砖工艺流程	
193	2	1	5	6	铺贴陶瓷地面砖的施工要点	
194	2	1	5	7	铺贴陶瓷地面砖的注意事项	
195	2	1	5	8	木地板的做法	
196	2	1	5	9	木地板的基本工艺流程	
197	2	1	5	10	木地板的施工要领	
198	2	1	5	11	木地板的施工注意事项	
199	2	1	5	12	铺设塑料地板主要施工流程	
200	2	1	5	13	铺设塑料地板的施工要点	
201	2	1	5	14	铺设塑料地板的注意事项	

续表

职业（工种）名称				室内装饰装修质量检验员	等级	三级
职业代码						
序号	鉴定点代码			鉴定点内容	备注	
	章	节	目	点		
202	2	1	5	15	地毯装饰基本工艺	
203	2	1	5	16	地毯装饰要点	
204	2	1	5	17	地毯装饰注意事项	
205	2	1	5	18	水泥砂浆抹灰的基本工艺	
206	2	1	5	19	水泥砂浆抹灰的施工要点	
	2	1	6		木工工程装饰施工工艺	
207	2	1	6	1	木门窗分类	
208	2	1	6	2	木门窗施工工艺	
209	2	1	6	3	木门窗安装要点	
210	2	1	6	4	暖气罩的安装方法	
211	2	1	6	5	暖气罩的施工工艺	
212	2	1	6	6	暖气罩的安装要领	
213	2	1	6	7	木窗帘盒的安装方法	
214	2	1	6	8	木窗帘盒的安装要点	
	2	1	7		墙面装饰工程施工工艺	
215	2	1	7	1	裱糊类墙面的构造步骤	
216	2	1	7	2	裱贴墙纸、墙布主要工艺技术	
217	2	1	7	3	裱贴墙纸、墙布工艺要点	
218	2	1	7	4	室内裱贴墙纸、墙布装修要点	
219	2	1	7	5	木护墙板、木墙裙的构造方法	
220	2	1	7	6	木护墙板、木墙裙施工工艺技术	
221	2	1	7	7	木护墙板、木墙裙施工要点	
222	2	1	7	8	木护墙板、木墙裙施工注意事项	
223	2	1	7	9	天然花岗岩、大理石墙面构造和施工工艺技术	
224	2	1	7	10	青石板墙面构造要求	
225	2	1	7	11	贴面类装饰基本操作技法	

续表

职业（工种）名称				室内装饰装修质量检验员		等级	三级
职业代码							
序号	鉴定点代码				鉴定点内容		备注
	章	节	目	点			
226	2	1	7	12	贴面类装饰施工要求		
227	2	1	7	13	贴面类装饰技术要点		
228	2	1	7	14	木龙骨隔断墙的施工工艺流程		
229	2	1	7	15	木龙骨隔断墙施工要点		
230	2	1	7	16	玻璃砖分隔墙施工要求		
231	2	1	7	17	镜面玻璃墙面的构造工艺流程		
232	2	1	7	18	镜面玻璃安装技术要求		
233	2	1	7	19	镜面玻璃墙面安装注意要点		
234	2	1	7	20	木材油漆主要施工工艺流程		
235	2	1	7	21	木材油漆施工要点		
236	2	1	7	22	木材油漆施工注意事项		
237	2	1	7	23	涂刷乳胶漆主要施工工艺步骤		
238	2	1	7	24	涂刷乳胶漆工艺要求		
239	2	1	7	25	涂刷乳胶漆注意事项		
	2	1	8		悬吊式顶棚施工工艺		
240	2	1	8	1	悬吊式顶棚的结构		
241	2	1	8	2	悬吊式顶棚的施工安装技术		
242	2	1	8	3	悬吊式顶棚装饰工艺流程		
243	2	1	8	4	木格栅吊顶的用途		
244	2	1	8	5	木格栅吊顶的安装		
245	2	1	8	6	木格栅吊顶常见质量问题及处理方法		
246	2	1	8	7	藻井式吊顶的作用		
247	2	1	8	8	藻井式吊顶的验收		
	2	1	9		电路施工工艺		
248	2	1	9	1	电路改造步骤		
249	2	1	9	2	电路改造要点		

续表

职业（工种）名称				室内装饰装修质量检验员	等级	三级
职业代码						

序号	鉴定点代码				鉴定点内容	备注
	章	节	目	点		
250	2	1	9	3	灯具的安装	
	2	1	10		卫浴洁具安装施工工艺	
251	2	1	10	1	坐便器的安装问题	
252	2	1	10	2	洗脸盆的安装问题	
253	2	1	10	3	浴盆的安装问题	
254	2	1	10	4	淋浴器的安装问题	
255	2	1	10	5	净身器的安装问题	
256	2	1	10	6	洗涤盆的施工要领	
257	2	1	10	7	浴盆的安装问题（二）	
258	2	1	10	8	坐便器的安装问题（二）	
259	2	1	10	9	卫浴洁具安装注意事项	
	2	1	11		管路改造工程施工工艺	
260	2	1	11	1	管路改造工程的施工工艺步骤	
261	2	1	11	2	管路改造工程的施工要诀	
262	2	1	11	3	镀锌管道敷设安装方法	
263	2	1	11	4	塑料给水管道敷设安装要点	
264	2	1	11	5	厨房设备安装工艺	
265	2	1	11	6	厨房设备安装要点	
	2	2			室内装饰装修检验质量	
	2	2	1		室内装饰装修质量的检验	
266	2	2	1	1	装饰抹灰工程的施工工艺	
267	2	2	1	2	装饰抹灰工程的检验标准	
268	2	2	1	3	地面工程的施工内容	
269	2	2	1	4	地面工程的检验标准	
270	2	2	1	5	木门窗工程的安装内容	
271	2	2	1	6	木门窗工程的质量检验标准	

续表

职业（工种）名称				室内装饰装修质量检验员	等级	三级
职业代码						
序号	鉴定点代码			鉴定点内容	备注	
	章	节	目	点		
272	2	2	1	7	金属门窗工程的安装内容	
273	2	2	1	8	金属门窗工程的安装检验标准	
274	2	2	1	9	塑料门窗工程的安装内容	
275	2	2	1	10	塑料门窗工程的质量检验标准	
276	2	2	1	11	板块隔墙工程的质量检验要求	
277	2	2	1	12	板块隔墙工程的质量检验标准	
278	2	2	1	13	骨架隔墙工程的质量检验要求	
279	2	2	1	14	骨架隔墙工程的质量检验标准	
280	2	2	1	15	明龙骨吊顶工程的施工内容	
281	2	2	1	16	明龙骨吊顶工程的质量检验要求	
282	2	2	1	17	暗龙骨吊顶工程的质量要点	
283	2	2	1	18	暗龙骨吊顶工程的质量检验标准	
284	2	2	1	19	块状装饰面砖（板）工程的质量检验要求	
285	2	2	1	20	块状装饰面砖（板）工程的质量检验标准	
286	2	2	1	21	水性涂料工程的质量检验要点	
287	2	2	1	22	水性涂料工程的质量检验方法	
288	2	2	1	23	溶剂性涂料工程的质量检验要点	
289	2	2	1	24	溶剂性涂料工程的质量检验方法	
290	2	2	1	25	裱糊工程的质量检验要求	
291	2	2	1	26	裱糊工程的质量检验方法	
292	2	2	1	27	软包工程的质量检验要求	
293	2	2	1	28	软包工程的质量检验方法	
294	2	2	1	29	原始状态的描述	
295	2	2	1	30	原始数据记录内容	
	2	2	2		室内装饰装修工程检验项目的判断	
296	2	2	2	1	法定计量单位	

续表

职业（工种）名称					室内装饰装修质量检验员	等级	三级
职业代码							
序号	鉴定点代码				鉴定点内容		备注
	章	节	目	点			
297	2	2	2	2	常用计量单位的换算		
298	2	2	2	3	法定计量单位的使用方法		
299	2	2	2	4	数据有效值的取舍		
300	2	2	2	5	检验数据偏离标准值的计算		
301	2	2	2	6	装饰抹灰工程的质量检验要求		
302	2	2	2	7	地面工程的质量检验要求		
303	2	2	2	8	木门窗工程的安装质量检验要求		
304	2	2	2	9	金属门窗工程的安装质量检验要求		
305	2	2	2	10	塑料门窗工程的安装质量检验要求		
306	2	2	2	11	轻质隔墙工程的安装质量检验要求		
307	2	2	2	12	骨架隔墙工程的安装质量检验要求		
308	2	2	2	13	明龙骨吊顶工程的施工质量检验要求		
309	2	2	2	14	暗龙骨吊顶工程的施工质量检验要求		
310	2	2	2	15	块状装饰面砖（板）工程的施工质量检验要求		
311	2	2	2	16	水性涂料工程的施工质量检验要求		
312	2	2	2	17	溶剂性涂料工程的施工质量检验要求		
313	2	2	2	18	裱糊工程的施工质量检验要求		
314	2	2	2	19	软包工程的施工质量检验要求		
315	2	2	2	20	给水安装工程的施工质量检验要求		
316	2	2	2	21	排水安装工程的施工质量检验要求		
317	2	2	2	22	电气安装工程的施工质量检验要求		
318	2	2	2	23	卫浴设备安装工程的施工质量检验要求		
	2	2	3		室内消防管道及其安装		
319	2	2	3	1	室内消防管道及其安装的施工准备		
320	2	2	3	2	室内消防管道及其安装的操作工艺		

第3部分

理论知识复习题

◆ 检验前的准备 ◆

一、判断题（将判断结果填入括号中。正确的填"√"，错误的填"×"）

1. 《建设工程质量管理条例》于2004年1月30日起施行。（　）
2. 《住宅室内装饰装修管理办法》于2002年起实施。（　）
3. 《住宅装饰装修验收标准》于2004年3月15日起实施。（　）
4. 《民用建筑室内环境污染控制规范》于2003年3月1日起正式实施。（　）
5. 地方标准《上海市住宅装饰装修验收标准》（DB31/30—2003）于2003年12月18日发布，代替DB31/30—1999，并于2004年3月15日起实施。（　）
6. 《室内装饰装修材料内墙涂料中有害物质限量》标准适用于室内装饰装修用水性墙面涂料，不适用于以有机物作为溶剂的内墙涂料。（　）
7. 家具人造板试件通过《人造板及饰面人造板理化性能试验方法》（GB/T17657—1999）中4.12规定的24 h干燥器法试验测得甲醛释放量。（　）
8. 可溶性重金属含量家具表面色漆涂层中通过GB/T9758—1988中规定的试验方法测得可溶性铅、镉、铬、汞重金属的含量。（　）
9. 卷材地板中可溶性镉含量不应大于20 mg/m²。（　）
10. 《住宅装饰装修验收标准》规定了地毯、地毯衬垫及地毯胶粘剂中有害物质释放限量、测试方法及检验规则，适用于生产或销售的地毯、地毯衬垫及地毯胶粘剂。（　）

11. 存水弯的作用是隔绝和防止水管道内所产生的难闻有害气体、可燃气体及小虫通过卫生器具进入室内而污染环境。　　　　　　　　　　　　　　　　（　　）

12. 给水横管宜设 0.02～0.05 的坡度坡向泄水装置，以便检修时放空和清洗。（　　）

13. 排水管道安装后，按规定要求必须进行闭水试验。凡属隐蔽暗装管道必须按分项工序进行。　　　　　　　　　　　　　　　　　　　　　　　　　　　　（　　）

14. 导线水平明敷时，导线距地面不小于 2 m。　　　　　　　　　　　　　（　　）

15. 框架结构住宅，是指以钢筋混凝土浇捣成承重梁柱，再用预制的加气混凝土、膨胀珍珠岩、浮石、蛭石、陶粒等轻质板材隔墙分户装配而成的住宅，适合大规模工业化施工、效率较高，工程质量较好。　　　　　　　　　　　　　　　　　　　　（　　）

16. 装饰施工图是按投影视图的基本方法，来表示室内的各部位相互关系。（　　）

17. 污水立管的位置应靠近与卧室相邻的内墙。　　　　　　　　　　　　　（　　）

18. 室内配电支线路的导线通常采用聚氯乙烯绝缘电线或橡皮绝缘电线。　（　　）

19. 目前的采暖方式有三种：第一种是地暖，第二种是采用中央空调，第三种是散热器方式。　　　　　　　　　　　　　　　　　　　　　　　　　　　　　　（　　）

20. 开窗通风可以始终保持室内具有良好的空气品质，是改善住宅室内空气品质的关键。　　　　　　　　　　　　　　　　　　　　　　　　　　　　　　　　（　　）

21. 家用中央空调分为风系统和水系统两种。　　　　　　　　　　　　　　（　　）

22. 对做了顶部灯池的用户，为了延长射灯的使用寿命，最好为每盏射灯加装一个变压器。　　　　　　　　　　　　　　　　　　　　　　　　　　　　　　　　（　　）

23. 装饰工程特点的终结性在于装饰施工的完成意味着建设工程竣工。　　（　　）

24. 暖气罩是将暖气散热片做隐蔽包装的设施。　　　　　　　　　　　　　（　　）

25. 装饰施工单位根据装饰设计的要求选购材料，递交样品报设计单位（建筑师或监理工程师）审批，防火材料须有市级或市级以上消防专业单位检验证明。材料进场时比照经批准的样品检查、验收。装饰材料的安装之前必须再次检查把关。　　　　（　　）

26. 住宅装饰装修后室内环境污染总挥发性有机物 TVOC（Bp/m³）≤0.50。（　　）

27. 室内众多的污染物根据性质的不同主要分为三类：化学性污染物、生物性污染物和物理性污染物，各自产生的健康效应也不同。　　　　　　　　　　　　　　（　　）

28. 在人们日常工作和生活的环境中发生空气有毒污染，轻则会使人体引起咽喉炎、胸闷、头昏、视力下降、皮肤起疱等，重则会影响人体的免疫系统、引起血液病及其他严重疾病，甚至致癌。（ ）

29. 编制工日预算是控制材料费的基础。（ ）

30. 材料保管要因材设库、分类码放，按不同材料各自特点，采取适当的保管措施，如对木制品、地毯、壁纸要注意防潮、防晒、防鼠；油漆、稀料注意防火；对大理石、玻璃、镜子、陶瓷制品注意防撞击。（ ）

31. 建设工程索赔通常是指在工程合同履行过程中，合同当事人一方因对方不履行或未能正确履行合同或者由于其他非自身因素而受到经济损失或权利损害，通过合同规定的程序向对方提出经济或时间补偿要求的行为。（ ）

32. 安装维修或拆除临时用电工程，必须由电工完成，电工等级同工程的难易程度和技术复杂性可以不相适应。（ ）

33. 在事故类别中，"物体打击"是指失控物体的重力或惯性造成的人身伤害事故，但不包括因爆炸引起的物体打击。（ ）

34. 阳台栏板应随层安装，若不能随层安装，须设两道防护栏或立挂安全网封闭。（ ）

35. 从事无法架设防护设施的高处作业时，操作人员不一定戴安全带。（ ）

36. 插口、吊篮、桥式脚手架及外挂架应按规程支搭，设有必要的安全装置；工具式脚手架升降时，必须用保险绳，操作人员须系好安全带，吊钩须有防脱钩装置。（ ）

37. 装饰材料质量主要包括：装饰材料外观尺寸、色泽，有无缺陷，内在质地与各种建筑物理性能，材料的稳定性等。（ ）

38. 装饰工艺水平主要包括：工人对装饰工艺掌握的熟练程度，工人的劳动态度及劳动纪律。（ ）

39. 装饰施工完成后，统一测量和设置各楼层标高基准和坐标基准，逐个房间弹设坐标十字线，作为装饰施工与设备安装的统一参照系。（ ）

40. 施工图会审是施工管理工作中施工准备阶段的一项重要技术工作。（ ）

41. 施工任务单的内容主要包括工程项目、工程量。（ ）

42. 软包墙面木框、龙骨、底板、面板等木材的树种、规格、等级、含水率和防腐处理，必须符合设计图纸要求和《木结构工程施工及验收规范》（GBJ20673）的规定。（ ）

43. 工人考核分为就业录用考核和在职岗位考核。（ ）

44. 装饰质量检查、验收包括隐藏工程验收。（ ）

45. 屋面、卫生间、游泳池等防水工程在隐蔽之前检查防水做法并做蓄水试验属于防水项目。（ ）

46. 施工收尾工程的特点是装饰工程接近交工阶段，不可避免会存在一些零星、分散、量小、面广的未完成项目，这些项目的总和即收尾工程。（ ）

47. 工程竣工是指房屋建筑按照设计要求和甲乙双方签订的工程合同所规定的建设内容全部完成，经验收鉴定合格，达到交付使用的条件。（ ）

48. 施工组织方案应内容齐全、审批手续完备。如有较大的施工措施和工艺的变动要编入交工验收资料。（ ）

49. 点画线用于引出立面线。（ ）

50. 建筑总平面图表明新建区的总体布局：即用地范围、各建筑物及构筑物的位置（原有建筑、拆除建筑、新建建筑、拟建建筑）、道路、交通等的总体布局。（ ）

51. 图纸比例用阿拉伯数字，并用比例符号表示。（ ）

52. 建筑平面图实质上是房屋各层的水平剖面图。（ ）

53. 剖面图用以表示房屋内部的结构或构造方式，如屋面（楼、地面）形式、分层情况、材料、做法、高度尺寸及各部位的联系等。（ ）

54. 剖面图与平、立面图互相配合用于计算工程量，指导各层楼板和屋面施工、门窗安装和内部装修等。（ ）

55. 在与房屋立面平行的投影面上所作的房屋正投影图，称为建筑立面图，简称立面图。（ ）

56. 特殊情况下，房屋左右对称时，可以把两个立面图（正立面图和背立面图）合成一图，中间画出对称符号，每一部分图样的下面写上各自的图名。（ ）

57. 表示房屋上部结构布置的图样，称为结构布置图。（ ）

58. 进行合理的图面布置要主次分明，排列均匀紧凑，表达清楚，尽可能保持各图之间

的投影关系。（   ）

59. 平面图中的线型应粗细分明。（   ）

60. 施工图审核应对设计人进行事前指导，并对设计文件的特性质量负责，保证设计文件符合顾客要求和国家有关法令、法规和标准的规定。（   ）

61. 独立基础偏心不能过大，必要时可与相近的柱做成柱下条基。（   ）

62. 施工现场的各种公告牌、标志牌等，应内容齐全、规范，放置醒目。现场材料堆放整齐、有序，有利于施工。施工垃圾要及时清理干净，保持施工现场的整洁。（   ）

63. 框架结构体系是介于砌体结构与框架—剪力墙结构之间的可选结构体系。（   ）

64. 梁按断面外形尺寸分，可分为矩形梁、工字梁、T形梁、工字薄腹梁等。（   ）

65. 柱是一种受压构件，有偏心受压和轴心受压。（   ）

66. 现浇板按受力可分为简支板、连续板、悬臂板。（   ）

67. 楼梯由连续梯级的梯段（又称梯跑）、平台（休息平台）和围护构件等组成。（   ）

68. 基础平面图主要表示基础的平面布置以及墙、柱与轴线的关系。（   ）

69. 楼层和屋面的结构布置及表示方法基本相同。（   ）

70. 建筑结构施工图平面表示法的表达形式是把结构构件的尺寸和配筋等，按照施工顺序和平面整体表示法制图规则，整体地直接表达在各类构件的结构平面布置图上，再与标准构造详图相配合，即构成一套新型完整的结构施工图。（   ）

71. 假设用一水平剖切面，沿建筑物底层室内地面把整栋建筑物剖切开，移去截面以上的建筑物和基础回填土后，作水平投影，就得到基础平面图。（   ）

72. 带括号的图名对应带括号的数字，不带括号的图名对应不带括号的数字，若某处有一个没带括号的数字，则此数字对两个图都适用。（   ）

73. 装配式楼层结构图主要表示预制梁、板及其他构件的位置、数量及搭接方法。（   ）

74. 现浇楼板配筋详图的内容包括平面图、断面图、钢筋表三部分。（   ）

75. 平法施工图主要用于绘制现浇钢筋混凝土结构的梁、板、柱、剪力墙等构件的配筋图。（   ）

76. 人们在探索用图形来表达物体的过程中,发现物体的影子在一定的条件下、在一定的程度上能够准确地表达物体的形状和大小,符合生产上对图形的要求,于是便总结了根据投影原理绘图的方法——投影法。（ ）

77. 换面法不仅可以更换一个投影面,还可按需要连续交替更换两次,甚至更多次。
（ ）

78. 建筑给排水工程图是表示房屋内部的卫生设备、用水器具的种类、规格、安装位置、安装方法及其管道的配置情况和相互关系的图样。（ ）

79. 住宅建筑为建设部指定要求采用节能技术的建筑物之一。（ ）

二、单项选择题（选择一个正确的答案,将相应的字母填入题内的括号中）

1. （ ）应当保证其产品或者其包装上的标识符合要求。
   A. 消费者　　　B. 生产者　　　C. 质量监督者　　D. 安检者

2. 销售者不得伪造（ ）。
   A. 材料　　　　B. 产地　　　　C. 味道　　　　D. 成分

3. 因产品存在缺陷造成人身、缺陷产品以外的其他财产损害的,（ ）应当承担赔偿责任。
   A. 生产者　　　B. 销售者　　　C. 合同当事人　　D. 消费者

4. （ ）以上地方人民政府计量行政部门根据本地区的需要,建立社会公用计量标准器具,经上级人民政府计量行政部门主持考核合格后使用。
   A. 县级　　　　B. 市级　　　　C. 省级　　　　D. 国家

5. 国家计量检定系统表由（ ）制定。
   A. 政府部门　　　　　　　　　B. 国务院产品质量监督部门
   C. 质量监督局　　　　　　　　D. 国务院计量行政部门

6. （ ）以上人民政府计量行政部门,根据需要设置计量监督员。
   A. 县级　　　　B. 市级　　　　C. 省级　　　　D. 国家

7. 为社会提供公证数据的产品质量检验机构,必须经（ ）以上人民政府计量行政部门对其计量检定、测试的能力和可靠性考核合格。
   A. 县级　　　　B. 市级　　　　C. 省级　　　　D. 国家

8. 《中华人民共和国计量法》规定的行政处罚，由（　　）以上地方人民政府计量行政部门决定。

　　A. 县级　　　　B. 市级　　　　C. 省级　　　　D. 国家

9. 《中华人民共和国合同法》中第五十二条有下列情形之一的，合同无效：（　　）。

　　A. 因重大误解订立的　　　　B. 在订立合同时显失公平的

　　C. 造成对方人身伤害的　　　　D. 以合法形式掩盖非法目的

10. 撤销权自债权人知道或者应当知道撤销事由之日起（　　）年内行使。自债务人的行为发生之日起5年内没有行使撤销权的，该撤销权消灭。

　　A. 1　　　　B. 2　　　　C. 3　　　　D. 4

11. 质量不符合约定的，应当按照（　　）的约定承担违约责任。

　　A. 负责人　　　　B. 承办人　　　　C. 法定代表人　　　　D. 当事人

12. （　　）对消费者提供商品或者服务有欺诈行为的，依照《中华人民共和国消费者权益保护法》的规定承担损害赔偿责任。

　　A. 经营者　　　　B. 承办人　　　　C. 法定代表人　　　　D. 当事人

13. 旁站是在关键部位或关键工序施工过程中，由（　　）在现场进行的监督活动。

　　A. 监理规划　　　　B. 监理人员　　　　C. 监理工程师　　　　D. 项目监理

14. （　　）为当发生非承包单位原因造成的持续性影响工期事件，总监理工程师所作出的最终延长合同工期的批准。

　　A. 临时延期批准　　B. 改期批准　　　　C. 分期批准　　　　D. 延期批准

15. 国家（　　）采用先进的科学技术和管理方法，提高建设工作质量。

　　A. 建议　　　　B. 强制　　　　C. 鼓励　　　　D. 要求

16. 《住宅室内装饰装修管理办法》规定有防水要求的厨房、卫生间、外墙面的保修期限为（　　）年。

　　A. 2　　　　B. 3　　　　C. 4　　　　D. 5

17. 《建筑装饰装修工程质量验收规范》应与（　　）配合使用。

　　A. 《建筑法》　　　　　　　　B. 《条例》

　　C. 《建议法》　　　　　　　　D. 《建筑工程施工质量验收统一标准》

18. 室内空气中甲醛的最高允许浓度为（　　）mg/m³。
    A. 0.05　　　　B. 0.06　　　　C. 0.07　　　　D. 0.08

19. 人造板材中甲醛释放量应为（　　）mg/m³。
    A. 0.10　　　　B. 0.20　　　　C. 0.30　　　　D. 0.40

20. 未经原设计单位或者具有相应资质等级的设计单位提出设计方案，擅自超过设计标准或者增加楼面荷载的，对装修人处500元以上（　　）元以下的罚款。
    A. 1 000　　　　B. 5 000　　　　C. 10 000　　　　D. 20 000

21. 从理论上讲，甲醛的释放期长达（　　）年，所以治理后还会反弹。
    A. 4～6　　　　B. 5～8　　　　C. 4～12　　　　D. 3～15

22. 关于甲醛，国家标准为Ⅰ类民用建筑小于0.08 mg/m³，Ⅱ类民用建筑小于（　　）mg/m³。
    A. 0.08　　　　B. 0.09　　　　C. 0.10　　　　D. 0.12

23. 属于受力因素和施工因素的，多以（　　）性缺陷为主。
    A. 物理　　　　B. 化学　　　　C. 质量　　　　D. 环境

24. 在预制钢筋混凝土板上铺设找平层前，填缝高度应低于板面（　　）mm，且振捣密实，表面不应压光。填缝后应养护。
    A. 10～20　　　　B. 20～30　　　　C. 30～40　　　　D. 40～50

25. 在预制钢筋混凝土板上铺设找平层前，填缝采用细石混凝土，其强度等级不得小于（　　）。
    A. C10　　　　B. C20　　　　C. C30　　　　D. C40

26. 严格规定对有防水要求的建筑地面工程的施工质量要求，强调必须进行蓄水、泼水检验，一般蓄水深度为（　　）mm。
    A. 10～20　　　　B. 20～30　　　　C. 30～40　　　　D. 40～50

27. 对检验确认符合规定质量要求的产品给予接受、（　　）、交付，并出具合格证。
    A. 检验　　　　B. 出厂　　　　C. 放行　　　　D. 合格证

28. 对于合格品进行控制，包括剔除、（　　）、登记并有效隔离不合格品。
    A. 管理　　　　B. 区分　　　　C. 告知　　　　D. 标识

29. 在进行（　）时，要对需要控制的过程、质量检测点、检测人员、测量类型和数量等几个方面进行决策，这些决策完成后就构成了一个完整的质量控制系统。
　　A. 质量管理　　B. 质量检测　　C. 质量控制　　D. 质量验收

30. 通常在进场验收时，对电线、电缆的绝缘层（　）和电线的线芯（　）比较关注，数据与国际标准的规定是一致的。
　　A. 直径　厚度　　B. 大小　厚薄　　C. 厚度　直径　　D. 材质　大小

31. 结构体系是根据（　）来区分的。
　　A. 材料
　　C. 结构构件组成方式
　　B. 尺寸
　　D. 组成方式

32. 吊顶副龙骨间距根据设计要求而定，吊杆直径一般为（　）mm，吊杆应垂直吊挂，旋紧双面丝扣，外露铁件必须刷二度防锈漆。
　　A. 2　　B. 4　　C. 8　　D. 10

33. 《室内装饰装修材料有害物质限量》标准从（　）年1月1日起实施，（　）年7月1日起正式执行，（　）
　　A. 2000　2000　　B. 2002　2002　　C. 2006　2006　　D. 2008　2008

34. 《室内装饰装修材料内墙涂料中有害物质限量》标准中规定：重金属（可溶性铅、可溶性镉、可溶性铬、可溶性汞）的测定按附录（　）进行。
　　A. A　　B. B　　C. C　　D. D

35. 我国室外大气卫生标准为（　）mg/m³（最大值）。
　　A. 0.02　　B. 0.03　　C. 0.04　　D. 0.05

36. 苯可用作胶粘剂的溶剂。装饰现场最高允许浓度为（　）mg/m³，生产车间空气中最高容许浓度为40 mg/m³。
　　A. 60　　B. 80　　C. 100　　D. 120

37. 利用干燥器法测定甲醛释放量基于（　）个步骤。
　　A. 1　　B. 2　　C. 3　　D. 4

38. 在正常生产情况下，定期或累计一定产量后，应进行一次周期性型式检验。周期一般为（　）年。

A. 1 　　　　B. 2 　　　　C. 3 　　　　D. 4

39. 试件存放应在实验室内制备试件。试件制备后应在（　　）h 内开始试验，否则应重新制作试件。

A. 2 　　　　B. 16 　　　　C. 24 　　　　D. 28

40. 卷材地板中不得使用铅盐助剂。作为杂质，卷材地板中可溶性铅含量应不大于（　　）mg/m^2。

A. 10 　　　　B. 20 　　　　C. 30 　　　　D. 40

41. 检验项目中只有（　　）项不合格时，允许对该批产品加倍复验。如全部复验合格则可以判定该批产品合格。

A. 一 　　　　B. 二 　　　　C. 三 　　　　D. 四

42. 在内容方面，职业道德总是要鲜明地表达职业义务、（　　）以及职业行为上的道德准则。

A. 职业态度　　B. 职业责任　　C. 职业思想　　D. 职业品德

43. 在内容方面，职业道德总是要鲜明地表达（　　）、职业责任以及职业行为上的道德准则。

A. 职业品德　　B. 职业信誉　　C. 职业义务　　D. 职业思想

44. 从产生的效果来看，职业道德既能使一定的社会或阶级的道德原则和规范的"职业化"，又使个人道德品质（　　）。

A. 成熟化　　B. 集体化　　C. 规范化　　D. 职业化

45. 从产生的效果来看，职业道德既能使一定的社会或阶级的道德原则和规范的"（　　）"，又使个人道德品质成熟化。

A. 成熟化　　B. 集体化　　C. 规范化　　D. 职业化

46. （　　）也是一种行为规范，但它是介于法律和道德之间的一种特殊的规范。

A. 纪律　　B. 行为　　C. 思想　　D. 动作

47. 职业道德有时又以制度、章程、条例的形式表达，让从业人员认识到职业道德又具有纪律的（　　）。

A. 规范性　　B. 约束性　　C. 执行性　　D. 行为性

48. 职业道德一方面涉及每个从业者如何对待职业，如何对待工作，同时也是一个从业人员的生活态度、（　　）的表现。
   A. 身体素质　　B. 业务素质　　C. 文化素质　　D. 价值观念

49. 当事人订立合同，有书面形式、（　　）和其他形式。
   A. 书面形式　　B. 书写形式　　C. 口头形式　　D. 默写形式

50. 丙烯酸醋适用于内墙面，喷、滚、刷均可，也可用水稀释，一般一遍成活，最低施工温度为（　　）℃。
   A. 10　　B. 15　　C. 20　　D. 25

51. （　　）内墙涂料的主要成分是过氯乙烯树脂。
   A. 苯乙烯　　B. 聚乙烯醇　　C. 过氯乙烯　　D. 氯乙烯

52. 建筑施工单位必须按设计要求安装前款规定的卫生洁具和配件，不得使用（　　）产品。
   A. 淘汰　　B. 二手　　C. 过期　　D. 过时

53. 室内（　　）要在与结构进度相隔二层的条件下进行安装。
   A. 给水管　　B. 排水管　　C. 明装管道　　D. 地下埋设管道

54. 极限开关支架用膨胀螺栓固定在梯房地面上，极限开关盒底面距地面（　　）mm。
   A. 100　　B. 200　　C. 300　　D. 400

55. （　　）除了用做挂画、挂镜杠的功能外，还有与檐口线脚相同的作用。
   A. 挂镜线　　B. 檐口线脚　　C. 踢脚板　　D. 护墙板

56. （　　）是以小部分钢筋混凝土及大部分砖墙承重的结构。
   A. 框架结构　　B. 砖混结构　　C. 钢混结构　　D. 跃层式

57. 系统图又称轴测图或（　　）。
   A. 施工图　　B. 详图　　C. 透视图　　D. 平面图

58. （　　）有玻璃钢管、塑料管和塑料复合管三大类。
   A. 金属管材　　B. 非金属管材　　C. 复合型管材　　D. 铜管

59. 排水平面图中，构造图可以适当简化，用（　　）表示。
   A. 实线　　B. 粗黑线　　C. 细实线　　D. 虚线

60. 开关盒设置应离地（　　）m，插座盒距地不小于 3 m，盒外口与墙平齐，罩面板端正且四周严密。

　　A. 1.1　　　　B. 1.2　　　　C. 1.3　　　　D. 1.4

61. 常见的暖气罩分为（　　）种。

　　A. 1　　　　　B. 2　　　　　C. 3　　　　　D. 4

62. 配有传统镇流器的日光灯会以（　　）Hz 频率闪动，这种频闪使工作人员头晕、眼睛疲劳，降低工作效率。

　　A. 50　　　　　B. 70　　　　　C. 90　　　　　D. 100

63. 按照国际标准，办公室的最佳光照度应为（　　）lx，智能照明控制系统能利用智能优感器感应室外光线，自动调节光照度，以达到节能效果，同时也可采用时钟管理器对照明进行定时控制。

　　A. 100　　　　B. 200　　　　C. 300　　　　D. 400

64. 对（　　）W 以上的高容量电器（如空调、冰箱、微波炉等），应当采用专用的回路和插座。

　　A. 500　　　　B. 1 000　　　C. 2 000　　　D. 3 000

65. 以下哪一项目不是室内装饰施工工艺流程？（　　）

　　A. 地面工程施工工艺流程　　　　B. 铝合金门窗的工艺流程

　　C. 油漆涂料施工工艺流程　　　　D. 屋顶翻修施工工艺流程

66. 常见的暖气罩有（　　）种安装方式。

　　A. 1　　　　　B. 2　　　　　C. 3　　　　　D. 4

67. 在进行油漆施工时，现场不得有（　　），天气必须晴朗，为了保证工程质量，必须控制好施工环境。

　　A. 水　　　　　B. 灰尘　　　　C. 雾气　　　　D. 火花

68. 住宅装饰装修室内环境污染控制除应符合《住宅装饰装修工程施工规范》外，还应符合（　　）（GB50325—2001）等国家环保标准的规定。

　　A.《民用建筑工程寅环境污染控制规范》

　　B.《建筑工程寅环境污染控制规范》

C. 《环境污染控制规范》
D. 《商用建筑工程寅环境污染控制规范》

69. 住宅装饰装修后室内环境污染甲醛（mg/m³）≤（　　）。
    A. 0.04　　　　B. 0.05　　　　C. 0.07　　　　D. 0.08

70. 住宅装饰装修后室内环境污染氨 mg/m³≤（　　）。
    A. 0.09　　　　B. 0.20　　　　C. 0.07　　　　D. 0.08

71. 室内空气质量检测条件限制如下：上海市居民居室新近装饰装修完工（　　）天以上；在检测甲醛、苯、氨、TVOC前居室须封闭1 h，氡检测须封闭24 h；新居室最好不搬入家具。
    A. 3　　　　　B. 7　　　　　C. 10　　　　　D. 15

72. （　　）是指装饰工程准备工作不仅需要详细了解装饰本身的设计要求，而且要了解与之关联的结构、机电安装工程的设计要求及其施工情况。
    A. 超前原则　　B. 关联原则　　C. 覆盖原则　　D. 贯串原则

73. 索赔事件发生后（　　）天内，向监理工程师发出索赔意向通知。
    A. 14　　　　　B. 28　　　　　C. 7　　　　　D. 20

74. 监理工程师在收到承包人送交的索赔报告和有关资料后，于（　　）天内给予答复。
    A. 14　　　　　B. 28　　　　　C. 7　　　　　D. 20

75. 对于一些有自动消防系统的公共娱乐空间防火分区面积不超过（　　）m³。
    A. 1 000　　　B. 2 000　　　C. 3 000　　　D. 4 000

76. 钢管脚手架首层第一步要满铺，一层用木板或用竹笆封严，随着施工架子上升，每隔（　　）步在架下设一层安全兜网或用竹笆满铺，防止物体坠落伤人。
    A. 一　　　　　B. 二　　　　　C. 三　　　　　D. 四

77. 电梯井口须设高度不低于（　　）m的金属防护门，井道内首层和以上每隔四层设一道水平安全网封严。
    A. 1.2　　　　B. 1.6　　　　C. 1.8　　　　D. 2.0

78. 外沿装饰脚手架须按规范搭设，特殊脚手架和高度超过（　　）m的高大脚手架必须有设计方案，装饰用外脚手架使用荷载不得超过规定标准。

  A. 10   B. 20   C. 30   D. 40

79. 装饰施工单位根据装饰设计的要求选购材料，递交样品报设计单位（建筑师或监理工程师）审批，防火材料须有（　　）消防专业单位检验证明。

  A. 县级或县级以上   B. 市级或市级以上

  C. 省级或省级以上   D. 国家级或国家级以上

80. （　　）完成后，统一测量和设置各楼层标高基准和坐标基准，逐个房间弹设坐标十字线，作为装饰施工与设备安装的统一参照系。

  A. 结构施工 B. 装饰施工 C. 内部施工 D. 外部施工

81. 装饰设计是否满足建筑功能要求，是否符合建筑设计规范，装饰设计艺术水平，装饰设计图纸与结构及其他专业是否矛盾属于（　　）。

  A. 装饰基层质量   B. 装饰设计质量

  C. 装饰工艺水平   D. 工人操作水平

82. 在计算装饰工程量的基础上，参照施工定额，（　　）、分房间、分工种、分项目确定额定工料消耗。

  A. 装饰基面 B. 分区域 C. 成品保护 D. 外观尺寸

83. 根据（　　）和工程量表，按材料品种、规格编制共需用量和需要时间的计划属于编制装饰材料计划。

  A. 进度计划   B. 编制施工计划

  C. 编制装饰材料计划   D. 工程计划

84. 管理机构的组织形式，管理程序和制度，管理人员的素质，管理辅助工具或设备属于（　　）。

  A. 装饰基层质量   B. 装饰设计质量

  C. 装饰工艺水平   D. 装饰施工管理水平

85. 结构施工完成后，统一测量和设置各楼层标高基准和坐标基准，逐个房间弹设坐标十字线，作为（　　）与设备安装的统一参照系。

  A. 结构施工 B. 装饰施工 C. 内部施工 D. 外部施工

86. 对各装饰分项，分别编制工艺标准，下达到（　　），作为技术交底和施工程控的依据。
    A. 技术队　　B. 施工队　　C. 作业队　　D. 工程队

87. 用原木板材作面板时，一般采用烘干的红白松、椴木和水曲柳等硬杂木，含水率不大于（　　），其厚度不小于20 mm。
    A. 8%　　B. 10%　　C. 12%　　D. 14%

88. 采用专业工长领导下的专业班组的劳动组织形式，（　　）进行技术交底和操作培训，考核不合格者不得上岗操作。
    A. 施工前　　B. 施工中　　C. 施工后　　D. 施工验收

89. 要明确（　　）保护的技术措施和责任划分。
    A. 成品　　B. 半成品　　C. 制品　　D. 半制品

90. 装饰施工管理水平渗透、影响并体现在装饰工程质量其他各要素上，主要包括：管理机构的组织形式，（　　），管理人员的素质，管理辅助工具或设备。
    A. 管理计划和方案　　　　B. 管理方案和制度
    C. 管理程序和制度　　　　D. 管理工具和设备

91. 工程结束各项交底应有（　　）记录并附双方签认手续。
    A. 文字　　B. 语言　　C. 声音　　D. 奖惩

92. 铺（　　）前检查地面平整度、裂缝、孔洞处理情况、湿度等，进行供暖水系统试压。
    A. 地毯　　B. 防水层　　C. 壁纸　　D. 轻质隔断墙

93. 奖惩是与班组（　　）与操作质量挂钩的。
    A. 经济分配　　B. 操作质量　　C. 产量　　D. 产出结果

94. 奖惩是与班组经济分配与（　　）挂钩的。
    A. 经济分配　　B. 操作质量　　C. 产量　　D. 产出结果

95. 装饰工程在频繁交叉的过程中不可避免发生一些成品损坏或污染，成为需要修补的项目属于（　　）。
    A. 接缝工艺　　B. 修补工艺　　C. 涂抹工艺　　D. 清理工艺

96. 交工工程的预验收属于（　　）。
    A. 工程的交工   B. 工程的修补   C. 工程的竣工   D. 交工验收的准备工作

97. 施工单位（承包方）、建设单位（发包方）和设计单位（建筑师）三方签认的竣工验收单，送（　　）进行检验，合格后签发的核定书被称为竣工验收资料。
    A. 施工部门   B. 设计部门   C. 质量监督部门   D. 监督部门

98. 承包方与发包方签订交接验收证明书，并根据（　　）的规定办理结算手续，除合同注明的由承包方承担的保修工作外，双方的经济、法律责任即可解除。
    A. 承包合同   B. 承包方案   C. 承包计划   D. 合同

99. 承包方向（　　）递交竣工资料。
    A. 发包方   B. 承包方   C. 设计方   D. 监督方

100. 将建筑的不同侧表面，投影到铅直投影面上而得到的（　　）图叫做建筑立面图。
    A. 正投影   B. 背投影   C. 侧投影   D. 投影

101. 以下不是建筑总平面图作用的是（　　）。
    A. 了解地形地貌   B. 新建房屋定位
    C. 施工放线   D. 布置施工现场的依据

102. 沿房屋底层窗洞口剖切所得到的平面图称为底层平面图，最上面一层的平面图称为（　　）。
    A. 顶层平面图   B. 平面图   C. 立层平面图   D. 整体平面图

103. 在底层平面图上还需反映室外可见的台阶、散水、花台、花池等。此外，还应标注剖切符号及（　　）。
    A. 指南针   B. 指北针   C. 指东针   D. 指西针

104. 平面图比例若为小于等于（　　）时，可画简化的材料图例（如砖墙涂红、钢筋混凝土涂黑等）。
    A. 1∶50   B. 1∶100   C. 1∶150   D. 1∶200

105. 楼梯（　　）主要表示楼梯的类型、结构形式、各部位的尺寸及装修做法等，是楼梯施工放样的主要依据。
    A. 剖面图   B. 横剖面图   C. 局部剖面图   D. 详图

106. 建筑剖面图，简称剖面图，它是假想用一铅垂剖切面将房屋剖切开后移去靠近观察者的部分，作出剩下部分的（　　）。
    A. 平面图　　　B. 立面图　　　C. 投影图　　　D. 透视图

107. 建筑立面图一般应画在平立面的（　　），侧立面图或剖面图可放在所画立面图的一侧。
    A. 上方　　　　B. 下方　　　　C. 左方　　　　D. 右方

108. 为了突出结构内容，一般采用一条（　　）对角线来表示楼板的布置范围。
    A. 细　　　　　B. 粗　　　　　C. 中细　　　　D. 中粗

109. 字体、（　　）等其他制图要求与建筑工程施工图相同。
    A. 图　　　　　B. 图形　　　　C. 图案　　　　D. 图线

110. 表示房屋的平面形状时用（　　）表示。
    A. 平面布局图　B. 定位轴线图　C. 尺寸标注图　D. 图例及相关符号

111. 平面图中的尺寸分为（　　）部分。
    A. 一　　　　　B. 两　　　　　C. 三　　　　　D. 四

112. 画栏杆（或栏板），上下行箭头等细部，检查无误后加深（　　），注写标高、尺寸、剖切符号、图名、比例及文字说明等。
    A. 图线　　　　B. 轴线　　　　C. 图案　　　　D. 图形

113. 框架结构抗震设计时，不应采用部分由（　　）承重的混合形式。
    A. 砌体墙　　　B. 实心墙　　　C. 空心墙　　　D. 砖墙

114. 混凝土的抗压强度大，而抗拉强度小，其抗拉强度仅为抗压强度的（　　），因此容易因受拉而断裂。
    A. 1/5～1/10　 B. 1/10～1/20　C. 1/15～1/20　D. 1/20～1/30

115. 框架及框架—剪力墙结构应设计成（　　）抗侧力体系；抗震设计时，框架—剪力墙结构两主轴方向均应布置剪力墙。
    A. 单向　　　　B. 双向　　　　C. 横向　　　　D. 纵向

116. 结构施工图，简称结施，配合建施、设施指导施工，作为编制（　　）预算的依据。

A. 建施　　　B. 结施　　　C. 设施　　　D. 施工图

117. 檐口部位节点构造，主要反映（　　）部位包括封檐构造。

A. 檐口　　　B. 挑檐　　　C. 女儿墙　　　D. 圈梁

118. 当天然地基土的承载力不够时，需要对（　　）进行处理，或者需要打桩，然后将基础坐落与桩承台上。

A. 施工基础　　B. 地基础　　C. 天然基础　　D. 浇筑基础

119. 非抗震设计时用于多层及（　　）建筑。抗震设计时一般情况下框架结构多用多层及小高层建筑（7度区以下）。

A. 高层　　　B. 多层　　　C. 小高层　　　D. 其他

120. 当梁的（　　）搁置在墙或柱上，受墙、柱嵌固作用很小时，可看成一端固定交接，另一端可平动的简支梁。

A. 一端　　　B. 两端　　　C. 侧面　　　D. 背面

121. 当跨度太大简支梁不能满足经济要求时，在两端支座之间增设若干个中间支座，为（　　）。

A. 简支梁　　B. 连续梁　　C. 矩形梁　　D. 工字梁

122. 楼梯坡度一般为20°～45°，以33°42′最适宜。（　　）以上则属爬梯范围。

A. 20°　　　B. 40°　　　C. 60°　　　D. 80°

123. 混合结构的楼层和屋面一般都采用（　　）混凝土结构。

A. 钢筋　　　B. 水泥　　　C. 框架　　　D. 箍筋

124. L57-3，则说明梁的轴线跨度是（　　）mm，能承受3级荷载。

A. 5.7　　　B. 57　　　C. 570　　　D. 5 700

125. 结构平面图则表示，结构部分（梁、柱、楼板、剪力墙）的关系，上面还标注有钢筋大小、（　　）、数量等。

A. 长度　　　B. 宽度　　　C. 厚度　　　D. 密度

126. 结构平面布置图的用途为：安装（　　）、板等各种楼层构件使用，制作圈梁和局部现浇梁、板使用。

A. 梁　　　B. 筋　　　C. 板　　　D. 墙

127. （　　）包括集中注写和原位注写，集中注写表达梁的通用数值，原位注写表达梁的特殊数值。

　　A. 平面注写　　B. 集中注写　　C. 原位注写　　D. 其他

128. 基础平面图中的基础墙、柱线，每一条基础最里边两条（　　）表示基础与上部墙体交接处的宽度，一般同墙体宽度一致。

　　A. 粗实线　　B. 细实线　　C. 细虚线　　D. 粗虚线

129. 对每一种基础，都要画出它的断面图，并标上相应的（　　）符号。

　　A. 平面　　B. 断面　　C. 立面　　D. 剖切

130. 基础图的阅读是查明基础墙的平面布置与（　　）平面图是否一致。

　　A. 首层　　B. 底层　　C. 中层　　D. 跃层

131. 在施工图中，常常是用一种（　　）的简化画法来表示。

　　A. 平面图　　　　　　B. 结构布置平面图
　　C. 施工平面图　　　　D. 示意性

132. （　　）的特点是楼板压住墙，被压部分墙身轮廓线画中虚线，门、窗过梁上的墙遮住过梁，门窗洞口的位置用虚线，过梁代号标注在门窗洞口旁。

　　A. 投影法　　B. 测量法　　C. 背投法　　D. 模拟法

133. 标注在横向梁的（　　）表示梁的上部配筋，标注在横向梁的后面表示梁的下部配筋。

　　A. 左面　　B. 右面　　C. 前面　　D. 后面

134. 若两个点处于垂直于某一投影面的同一投影线上，则两个点在这个投影面上的投影便互相（　　），这两个点就称为对这个投影面的重影点。

　　A. 重合　　B. 垂直　　C. 相交　　D. 倾斜

135. （　　）于一个投影面，与另外两个投影面平行的直线，称为投影面垂直线。

　　A. 重合　　B. 垂直　　C. 相交　　D. 倾斜

136. （　　）于一个投影面，而垂直于另外两个投影面的平面称为投影面平行面。

　　A. 平行　　B. 垂直　　C. 相交　　D. 倾斜

137. 平面布置图和（　　）图是比较重要的图样。

A. 投影变换   B. 投影发射   C. 投影原理   D. 系统原理

138. 住宅楼部分生活用水采用市政供水管网→地下不锈钢生活水池→生活加压泵→屋顶不锈钢生活水箱→住户的（   ）。

　　A. 取水方法   B. 供水方式   C. 供水渠道   D. 用水方式

139. 建筑（   ）中节水的重点在于：卫生器具及其给水配件，屋顶水箱浮球阀，建筑中水等方面。

　　A. 给水   B. 给排水   C. 排水   D. 用水

140. 由于传统的水泵—水箱供水方式中水质易受污染，所以二次供水已越来越多地被气压罐供水和（   ）供水所取代。

　　A. 直流调速   B. 变频调速   C. 交流调速   D. 变压调速

141. 塑料管的（   ）影响管道的方式、用途、补偿措施和管道保温等方面。

　　A. 化学性能   B. 物理性能   C. 承压性能   D. 卫生性能

142. （   ）是一项综合性很强的技术工作，需要考虑的事项千头万绪，所以挂一漏万在所难免。

　　A. 验图   B. 审图   C. 收尾   D. 施工

三、多项选择题（选择两个以上正确的答案，将相应的字母填入题内的括号中）

1. 销售者不得销售（   ）的产品。

　　A. 国家明令淘汰   B. 国家明令停止   C. 失效、变质   D. 过时

2. 楼层结构平面图只表达了建筑物各承重构件的平面位置关系，至于各构件的（   ）及连接关系等，均由构件详图表示。

　　A. 形状   B. 大小   C. 材料   D. 构造

3. 因产品存在缺陷造成受害人财产损失的，侵害人应当（   ）。

　　A. 恢复原状   B. 原价赔偿   C. 折价赔偿   D. 不负责

4. 制造、修理计量器具的个体工商户，必须经县级人民政府计量行政部门考核合格，发给（   ）后，方可向工商行政管理部门申请营业执照。

　　A.《制造计量器具许可证》   B.《修理计量器具许可证》
　　C.《生产计量器具许可证》   D.《开发计量器具许可证》

5. （　　）的计量器具不合格的，没收违法所得，可以并处罚款。
   A. 制造　　　　B. 修理　　　　C. 销售　　　　D. 推广

6. 书面形式是指（　　）等可以有形地表现所载内容的形式。
   A. 传真　　　　B. 合同书　　　C. 信件　　　　D. 数据电文

7. 合同法规定（　　），当事人一方有权请求人民法院或者仲裁机构变更或者撤销。
   A. 因重大误解订立的　　　　　B. 在订立合同时显失公平的
   C. 造成对方人身伤害的　　　　D. 以合法形式掩盖非法目的

8. 应当先履行债务的当事人，有确切证据证明对方有下列情形之一的，可以中止履行：（　　）。

   A. 经营状况严重恶化

   B. 履行费用的负担不明确的，由履行义务一方负担

   C. 转移财产、抽逃资金，以逃避债务

   D. 丧失商业信誉

9. 总监理工程师应履行的职责包括（　　）。

   A. 审查和处理工程变更

   B. 负责编制本专业的监理实施细则

   C. 主持监理工作会议，签发项目监理机构的文件和指令

   D. 主持或参与工程质量事故的调查

10. 《建设工程质量管理条例》中质量职责和义务包括（　　）单位。
    A. 建设　　　　B. 勘察、设计　　C. 承包　　　　D. 施工
    E. 工程监理

11. 《建筑装饰装修工程质量验收规范》适用于（　　）的装饰装修工程的质量验收。
    A. 新建　　　　B. 扩建　　　　C. 改建　　　　D. 维修
    E. 既有建筑

12. 目前的住宅包括的类型有（　　）。
    A. 全装修住宅　B. 新建住宅　　C. 住宅二次装修　D. 建筑工程
    E. 建设设备

13. 住宅室内装饰装修活动禁止的行为包括（　　）。

　　A. 扩大承重墙上原有的门窗尺寸，拆除连接阳台的砖、混凝土墙体

　　B. 将设有防水要求的房间或者将阳台改为卫生间、厨房间

　　C. 损坏房屋原有节能设施，降低节能效果

　　D. 其他影响建筑结构和使用安全的行为

14. 装修污染，一般的基本解决方案有（　　）。

　　A. 通风　　　　　　　　　　B. 净化

　　C. 化学中和、吸附　　　　　D. 空气检测

15. 门窗及玻璃工程验收时应检查的文件有（　　）。

　　A. 门窗的备案证明文件

　　B. 门窗工程的施工图、设计说明

　　C. 材料合格证书、门窗的相关性能检测报告、进场检验记录

　　D. 隐蔽工程检查记录

16. 建筑内部给水系统按用途可分为（　　）。

　　A. 生活给水系统　　　　　　B. 冷却水循环系统

　　C. 生产给水系统　　　　　　D. 消防给水系统

　　E. 净水供应系统

17. 架空地面施工中应注意的问题有（　　）。

　　A. 架空板下的地基土仍应夯实，尽量减少潮气向板下空间渗透

　　B. 架空板下应有足够的空间和通风条件

　　C. 搁置架空板的地坪墙应用水泥砂浆砌筑，顶面应抹一层防水砂浆层

　　D. 有条件时，铺板前应在板底刷一道热沥青，堵塞板底毛细孔，能有效地提高架空地面防潮效果

18. 质量检验的形式有（　　）。

　　A. 查验原始质量凭证　　　　B. 实物检验

　　C. 编制检验规程　　　　　　D. 派员进厂（驻厂）验收

　　E. 实物抽查

19. 装修设计施工必须确保建筑物原有（　　），不得改变建筑物的承重结构，不得破坏建筑物外立面。

  A. 安全性　　　　B. 操控性　　　　C. 整体性　　　　D. 完备性

20. 镀锌制品（支架、横担、接地极、避雷用型钢等）和外线金具应符合的规定有（　　）。

  A. 按批查验合格证或镀锌厂出具的镀锌质量证明书

  B. 外观检查：镀锌层覆盖完整、表面无锈斑，金具配件齐全，无砂眼

  C. 对镀锌质量有异议时，按批抽样送、有资质的试验室检测

  D. 按批查验合格证和材质证明书；有异议时，按批抽样送有资质的试验室检测

21. 木门窗主要可分为（　　）。

  A. 平开门窗　　B. 推拉门窗　　C. 斜开门窗　　D. 竖开门窗

22. 国家标准——《室内装饰装修材料人造板及其制品中甲醛释放限量》，本标准规定了室内装饰装修用人造板及其制品（包括地板、墙板等）中甲醛释放量的（　　）。

  A. 指标值　　　B. 试验方法　　C. 检验规则　　D. 抽样

23. 国家标准——《室内装饰装修材料地毯、地毯衬垫及地毯胶粘剂有害物质释放限量》，本标准规定了地毯、地毯衬垫及地毯胶粘剂中有害物质的（　　）。

  A. 释放限量　　B. 测试方法　　C. 检验规则　　D. 抽样

24. 国家标准——《室内装饰装修材料内墙涂料中有害物质限量》，本标准规定了室内装饰装修用墙面涂料中对人体有害物质容许限制的（　　）、包装标志、安全涂装及防护等内容。

  A. 技术要求　　B. 试验方法　　C. 检验规则　　D. 抽样

25. 国家标准——《室内装饰装修材料壁纸中有害物质限量》，本标准规定了壁纸中的重金属（或其他）素、氯乙烯单体及甲醛三种有害物质的（　　）。

  A. 限量要求　　B. 试验方法　　C. 检验规则　　D. 抽样

26. 《聚氯乙烯卷材地板中有害物质限量》标准适用于聚氯乙烯树脂为主要原料并加入适当助剂，用（　　）工艺生产的发泡或不发泡的、有基材或无基材的聚氯乙烯卷材地板（以下简称为卷材地板），也适用于聚氯乙烯复合铺炕革、聚氯乙烯车用地板。

A. 涂敷   B. 压延   C. 复合   D. 热敷

27. 职业道德具有以下特点：（   ）。
    A. 职业道德具有适用范围的有限性 B. 职业道德具有发展的历史继承性
    C. 职业道德表达形式多种多样   D. 职业道德兼有强烈的纪律性

28. 下列职业道德与法的关系正确的是（   ）。
    A. 法律约束的是你不能做什么，职业道德往往会倡导你最好应该做什么
    B. 法律和职业道德都是约束的是你不能做什么
    C. 法是有强制力的，而职业道德往往没有非常大的强制力
    D. 法和职业道德都是有强制力的

29. 影响企业道德水准的因素包括（   ）。
    A. 不道德的企业并没有受到有力的报复
    B. 社会风气差
    C. 员工（包括管理者）道德素质差
    D. 国家或地方经济落后

30. 一般家庭装饰装修材料可分为（   ）等五大类别。
    A. 墙体材料   B. 地面材料   C. 装饰线   D. 顶部材料和紧固件
    E. 连接件及胶粘剂

31. 装修附材一般是指（   ）。
    A. 水泥   B. 石灰   C. 腻子   D. 胶

32. 一般家庭装饰装修材料可分为（   ）等五大类别。
    A. 墙体材料   B. 地面材料   C. 装饰线   D. 顶部材料和紧固件
    E. 连接件及胶粘剂

33. 装修附材一般是指（   ）。
    A. 水泥   B. 石灰   C. 腻子   D. 胶

34. 装饰材料的发展趋势为（   ）。
    A. 趋向于无害化   B. 趋向于复复合型材料
    C. 趋向于制成品与半成品   D. 应符合装饰功能的要求

35. 玻璃是以（　　）等为主要原料，经熔融、成形、冷却固化而成的非结晶无机材料。

  A. 纯碱　　　　B. 石英砂　　　　C. 长石　　　　D. 石灰石

36. 室内卫生器具种类很多，但对其共同的要求是（　　）。

  A. 表面光滑　　B. 不透水　　　　C. 耐冷热　　　D. 变形小

  E. 耐腐蚀

37. 给水管道明装暗装的保温形式包括（　　）。

  A. 管道防冻保温　　　　　　B. 管道防热损失保温

  C. 管道防结露保温　　　　　　D. 管道防冷保温

38. 安装电器时，当选用铜质导线时可不考虑损耗打折的问题，但（　　）线最好不混用。

  A. 铜　　　　　B. 铝　　　　　　C. 铁　　　　　D. 银

39. 建筑内部给水系统按用途可分为（　　）。

  A. 生活给水系统　　　　　　B. 冷却水循环系统

  C. 生产给水系统　　　　　　D. 消防给水系统

  E. 净水供应系统

40. 排水系统图应包括的内容是（　　）。

  A. 各立管的管径　　　　　　B. 各立管的编号

  C. 横管的标高　　　　　　　D. 横管的管径

  E. 横管的坡度

41. 开关柜防护要求中的"五防"：即防止误分误合断路器、（　　）。

  A. 防止带电分合隔离开关　　　B. 防止带电合接地开关

  C. 防止带接地分合断路器　　　D. 防止误入带电间隔

42. 低温辐射地板采暖是通过埋设于地板下的加热管——（　　），把地板加热到表面温度18~32℃，均匀地向室内辐射热量而达到采暖效果。

  A. 加热管　　　B. 铝塑复合管　　C. 导电管　　　D. 导热管

43. 采暖设备泛指用于采暖的各种设备，如（　　）。

A. 锅炉　　　　B. 换热器　　　　C. 暖风机　　　　D. 散热器

44. 制冷管道系统的分类主要包括（　　）。

　　A. 冻水循环系统　　　　　　　B. 冷却水循环系统

　　C. 软化水系统　　　　　　　　D. 硬化水系统

45. 监控软件通过可视化界面，预先制定控制方案或临时对大楼内灯具进行（　　）等控制，是控制系统的执行者。

　　A. 开关　　　　B. 调光　　　　C. 布线　　　　D. 安装

46. 工程监理前期需要为业主提供（　　）三个装修过程的咨询服务，解答《室内装饰装修监理服务的流程及收费标准》，做好业主在室内装饰装修前的参谋。

　　A. 饰前　　　　B. 饰中　　　　C. 饰后　　　　D. 饰尾

47. 石材地面装饰基本工艺流程为（　　）。

　　A. 清扫整理基层地面→水泥砂浆找平→定标高

　　B. 弹线→选料→板材浸水湿润

　　C. 安装标准块→摊铺水泥砂浆→铺贴石材

　　D. 灌缝→清洁→养护交工

48. 常见的暖气罩有（　　）。

　　A. 固定式　　　B. 活动式　　　C. 箱体式　　　D. 分体式

49. 施工组织设计内容包括（　　）。

　　A. 工程概况　　B. 施工特点　　C. 施工方案　　D. 项目管理人员职责分配

50. 要预防冬季室内环境污染，最好的办法是尽可能改善通风条件，（　　）。

　　A. 加强室内通风　　　　　　　B. 降低室内空气的污染程度

　　C. 开拓空间　　　　　　　　　D. 装空调

51. 装修中使用的（　　）等都具有放射性。

　　A. 布艺　　　　B. 花岗岩　　　C. 大理石　　　D. 瓷砖

52. 从影响施工管理的角度看，装饰工程的特点主要有（　　）。

　　A. 终结性　　　B. 交叉性　　　C. 附着性　　　D. 覆盖性

53. 承包任务应全面覆盖（　　）成品保护等各方面。

A. 工程量　　　　B. 质量　　　　　C. 安全　　　　　D. 成品保护

54. 施工任务单的内容主要包括（　　）。

　　A. 工程项目　　B. 工程量　　　C. 产量定额　　　D. 计划用工数

55. 室内装修施工直接火灾包括的原因有（　　）。

　　A. 违反安全操作规定　　　　　B. 易燃易爆气体处理不当

　　C. 吸烟引发火灾　　　　　　　D. 生活用火不慎

56. 电路布线材料一般由（　　）等组成。

　　A. 电线　　　　B. PVC线管　　C. 配件　　　　　D. 底盒

57. 上下立体交叉作业，应进行科学合理安排。建议绘制立体交叉作业图，标明的内容包括：（　　）。

　　A. 参加单位、工种、人数

　　B. 施工项目位置地点

　　C. 所需检修时间，具体开始时间

　　D. 主要的安全措施、安全负责人、安全监护人

58. 针对建筑工程安全生产的要点，安全生产监督管理人员必须从如下几个硬件方面重点检查：（　　）。

　　A. 脚手架的搭设是否符合规范要求

　　B. 现场临时用电是否安全可靠

　　C. 各类建筑机械设备是否灵敏有效

　　D. 安全三件宝的使用、四口、五临边是否防护到位

59. 建筑业伤害事故指（　　）。

　　A. 高空坠落　　B. 物体打击　　C. 触电伤亡　　　D. 机械损伤

60. 脚手板铺设的要求包括（　　）。

　　A. 施工作业层应满铺脚手板　　B. 可采用木板、竹片板等

　　C. 脚手板两端与水平横杆固定　D. 接头长度不宜大于150 mm

61. 施工现场边沿无围护设施的工作面称为临边，主要包括楼梯边、（　　）、挑檐边等。

A. 楼层边   B. 屋面   C. 阳台边   D. 料台边

E. 挑台

62. 装饰工艺水平主要包括（   ）。

    A. 装饰工艺具体实施的难易程度   B. 工艺控制的稳定性

    C. 对现场环境的适用性   D. 对其他工序的干扰程度

63. 装饰施工管理水平包括（   ）。

    A. 装饰基层质量   B. 装饰设计质量

    C. 装饰工艺水平   D. 工人操作水平

    E. 成品保护水平   F. 装饰施工管理水平

64. 构成装饰工程质量的要素包括（   ）。

    A. 统一放线、验线制度   B. 材料审批、检验制度

    C. 工序流程交接制度   D. 工艺标准制度

    E. 样板间制度   F. 工人考核上岗制度

    G. 成品保护制度   H. 质量检查、验收与奖惩制度

65. 施工任务单的内容主要包括（   ）。

    A. 产量定额   B. 计划用工数   C. 工作开始日期   D. 质量及安全要求

66. 工序流程交接制度包含的内容为（   ）。

    A. 各工序的施工人员按流程先后进入工作面

    B. 前后两道工序的交接一律办理书面移交手续

    C. 质量检查、验收与奖惩制度

    D. 样板间制度

67. 工艺标准制度包括的内容为（   ）。

    A. 对各装饰分项   B. 分别编制工艺标准，下达到作业队

    C. 工序流程交接制度   D. 作为技术交底和施工过程控制的依据

68. 工人考核上岗制度包括（   ）。

    A. 就业录用考核   B. 在职岗位考核

    C. 上岗转岗考核   D. 本等级考核

69. 装饰工程质量控制制度包括（   ）。

   A. 统一放线、验线制度   B. 工人考核上岗制度

   C. 工序流程交接制度   D. 工艺标准制度

70. 装饰施工管理水平渗透、影响并体现在装饰工程质量其他各要素上，主要包括（   ）。

   A. 管理计划和方案   B. 管理方案和制度

   C. 管理程序和制度   D. 管理工具和设备

71. 装饰质量检查、验收包括（   ）。

   A. 隐藏工程验收   B. 工序交接验收

   C. 装饰工程完工验收   D. 装饰工程质量控制制度

72. 下列属于与装饰工程有关的隐蔽工程检查项目和施工试验项目的是（   ）。

   A. 轻质隔断墙   B. 吊顶   C. 壁纸   D. 防水项目

   E. 地毯

73. 奖惩是与（   ）挂钩的。

   A. 经济分配   B. 操作质量   C. 产量   D. 产出结果

74. 装饰工程的目标之一是给用户以美的感观，（   ）便是美感的要素，清理也就成为收尾工程必不可少的重要部分属于清理类。

   A. 清洁   B. 整齐   C. 干爽   D. 味正

75. 交工验收的准备工作包括（   ）。

   A. 完成收尾工程   B. 收集整理竣工验收资料

   C. 工程的竣工   D. 交工工程的预验收

76. 装饰工程的竣工验收资料包括（   ）。

   A. 施工组织方案与技术交底资料

   B. 材料、半成品、成品出厂证明和试（检）验报告

   C. 施工试验报告

   D. 施工记录

   E. 预检记录

F. 隐检记录

G. 工程质量检验评定资料

H. 竣工验收资料

I. 设计变更、洽商记录

J. 竣工图

77. 交工验收工作的程序包括（　　）。

A. 承包方首先自行组织预验收

B. 承包方向发包方递交竣工资料

C. 发包方组织承包方和设计单位对工程质量进行验评，并将验评结果和有关资料送质量监督站核验

D. 质量监督站核验合格后，签发核定

E. 承包方与发包方签订交接验收证明书，并根据承包合同的规定办理结算手续，除合同注明的由承包方承担的保修工作外，双方的经济、法律责任即可解除

F. 在交工过程中发现需返修或补做的项目，可在交工验收证明书或其附件上注明修竣期限

78. 建筑立面图按建筑的朝向分为（　　）。

　　A. 南立面　　　B. 北立面　　　C. 东立面　　　D. 西立面

79. 水、暖、电等管线及绿化布置情况包括的平面布置有（　　）。

　　A. 给水管　　　B. 排水管　　　C. 高压线路　　D. 采暖管道

80. 总平面图所要表示的地区范围较大，除新建房物外，还要包括原有（　　）等总体布局。

　　A. 房屋　　　　B. 道路　　　　C. 绿化　　　　D. 公共设施

81. 平面图的主要图纸有（　　）。

　　A. 首层平面图　　　　　　　　B. 二层或标准层平面图

　　C. 顶层平面图　　　　　　　　D. 屋顶平面图

82. 以下内容中要用中实线或细实线画出的有（　　）。

　　A. 窗台　　　　B. 梯段　　　　C. 卫生设备　　D. 家具陈设

83. 地形剖面图是在等高线地形图的基础上绘制的。它在（   ）和其他工程时，可作为计算土石方量的依据。

   A. 修筑渠道　　　B. 建筑铁路　　　C. 公路　　　D. 平整土地

84. 建筑立面图的数量有所不同，一般分为（   ）。

   A. 平立面　　　B. 正立面　　　C. 背立面　　　D. 侧立面

85. 按房屋的朝向立面图可以分为（   ）。

   A. 南立面图　　　B. 北立面图　　　C. 东立面图　　　D. 西立面图

86. 铅笔加深或描图上墨时，一般顺序是（   ）。

   A. 先画上部，后画下部

   B. 先画左边，后画右边

   C. 先画水平线，后画垂直线或倾斜线

   D. 先画水平线，后画垂直线或倾斜线

87. 在装饰工程施工图中，一般应将（   ）做法及注意事项，以及施工图中不易表达、或设计者认为重要的其他内容写成文字、编成设计说明。

   A. 工程概况　　　B. 设计风格　　　C. 材料选用　　　D. 施工工艺

88. 图纸目录包括（   ）备注等。

   A. 图别　　　B. 图号　　　C. 图纸内容　　　D. 采用标准图集代号

89. 平面布置图决定室内空间的功能及流线布局，是顶棚设计、墙体设计的基本依据和条件，平面布置图确定后再设计（   ）等图样。

   A. 楼地面平面图　　　　　　　B. 顶棚平面图

   C. 墙（柱）面　　　　　　　　D. 装饰立面图

90. 平面布置图通常应图示的内容包括（   ）。

   A. 建筑平面图的基本内容，如墙柱与定位轴线、房间布局与名称、门窗位置及编号、门的开启方向等

   B. 室内楼（地）面标高

   C. 室内固定家具、活动家具、家用电器等的位置

   D. 装饰陈设、绿化美化等位置及图例符号

E. 室内立面图的内视投影符号（按顺时针从上至下在圆圈中编号）

F. 室内现场制作家具的定形、定位尺寸

G. 房屋外围尺寸及轴线编号等

H. 索引符号、图名及必要的说明等

91. 楼梯平面图的画法步骤包括（　　）。

　　A. 首先画出楼梯间的开间、进深轴线和墙厚、门窗洞位置。确定平台宽度、楼梯宽度和长度

　　B. 采用两平行线间距任意等分的方法划分踏步宽度

　　C. 画出楼板和平台板厚，再画楼梯段、门窗、平台梁及栏杆、扶手等细部

　　D. 画栏杆（或栏板），上下行箭头等细部，检查无误后加深图线，注写标高、尺寸、剖切符号、图名、比例及文字说明等

92. 建设单位报请施工图技术性审查的资料应包括的主要内容为（　　）。

　　A. 作为设计依据的政府有关部门的批准文件及附件

　　B. 审查合格的岩土工程勘察文件（详勘）

　　C. 全套施工图

　　D. 审查需要提供的其他资料

93. 钢筋混凝土结构住宅是指房屋的主要承重结构如（　　）、屋盖用钢筋混凝土制作，墙用砖或其他材料填充。

　　A. 柱　　　　B. 梁　　　　C. 板　　　　D. 楼梯

94. 钢筋的可分为（　　）。

　　A. 受力筋　　B. 架立筋　　C. 箍筋　　　D. 分布筋

　　E. 构造筋

95. 设备施工图（简称设施）包括（　　）。

　　A. 给排水　　B. 采暖通风　　C. 电气照明说明　　D. 管网布置

　　E. 管线走向

96. 施工基础的种类有很多，比如（　　）桩承台基础，等等。

　　A. 筏型基础　　B. 箱型基础　　C. 柱下独立基础　　D. 条形基础

97. 钢筋混凝土柱中设置箍筋的目的是（　　）。

    A. 抗剪力　　　B. 构造作用　　　C. 主筋进行定位　　D. 箍筋进行定位

98. 现浇板裂缝的主要处理方法包括（　　）。

    A. 对于板上层裂缝，可用环氧树脂修补方法

    B. 由对板上层裂缝还可以用高压喷浆的方法修补

    C. 对于板上层裂缝较多的板，可用在板上表层覆盖钢丝网细石混凝土的方法修补

    D. 板下层裂缝，一般不影响结构安全，用环氧树脂修补法较适合

99. 常用的预制板包括（　　）。

    A. 平板　　　　B. 空心板　　　　C. 槽形板　　　　D. 实心板

100. 结构施工图主要表明建筑承重结构的基础、墙、柱、梁板等构件的材料（　　）结构造型及布置等情况的图纸。

    A. 质量　　　　B. 形状　　　　C. 大小　　　　D. 方案

101. 结构施工图包括（　　）。

    A. 结构设计说明　　　　　　B. 结构布置平面图

    C. 构件详图　　　　　　　　D. 基础平面布置图

102. 基础平面图包括（　　）。

    A. 基础底边线　B. 基础墙、柱线　C. 轴线位置　　D. 地沟

    E. 与孔洞条型基础放阶　F. 剖切符号

103. 下列属于基础详图主要内容的是（　　）。

    A. 轴线　　　　B. 基础材料　　　C. 防潮层　　　D. 基础圈梁

104. 基础图的阅读包括（　　）。

    A. 查明基础墙的平面布置与首层平面图是否一致

    B. 明确墙体与轴线的位置关系是否对称

    C. 在基础详图中查明各部位的尺寸及主要部位的标高

    D. 查明管沟的位置、大小及具体做法

    E. 查明所用的各种材料及对材料的要求

105. 结构平面布置图的用途为（　　）。

A. 为绘制平面图做准备　　　　B. 为安装梁，板等各种楼层构件使用

C. 为绘制施工平面图做准备　　D. 制作圈梁和局部现浇梁，板使用

106. 预制装配式楼层结构布置图内容包括（　　）。

A. 结构布置平面图　　　　　　B. 节点详图

C. 构件统计表　　　　　　　　D. 文字说明

107. 现浇楼板配筋详图的内容包括（　　）。

A. 断面图　　B. 平面图　　C. 钢筋表　　D. 文字说明

108. 平法施工图的表示方法有（　　）。

A. 剖面注写方式　　　　　　　B. 截面注写方式

C. 列表注写方式　　　　　　　D. 平面注写方式

109. 用中心投影法获得的图形立体感强，因此中心投影法常用在绘制建筑物的（　　）等场合。

A. 美术绘画　　B. 外观透视图　　C. 写生　　D. 摄影

110. 任何物体都是由（　　）等几何元素构成的，学习和掌握几何元素的投影规律和特征，才能透彻理解机械图样所表示物体的具体结构形状。

A. 点　　　　B. 线　　　　C. 面　　　　D. 体

111. 直线在三投影面中的位置关系有（　　）。

A. 垂直　　　B. 倾斜　　　C. 平行　　　D. 相交

112. 面通常用确定该平面的点、直线或平面图形等几何元素的投影表示，其方法有（　　）。

A. 不在同一直线上的三点　　　B. 直线与线外一点

C. 相交两直线　　　　　　　　D. 平行两直线

E. 平面图形

113. 目前投影换面法基本分为（　　）。

A. 解析变换法　　　　　　　　B. 数值变换法

C. 数值解析变换法　　　　　　D. 数值投影法

114. 系统设计每幢住宅为一个独立的给水系统，采用的供水方式有（　　）。

A. 蓄水池　　B. 水泵　　C. 水箱　　D. 减压阀

E. 用水点

115. 建筑给排水中节水的重点在于（　　）等方面。

A. 采用新型卫生器具及其配件　　B. 屋顶水箱浮球阀

C. 建筑中水　　D. 二次供水设备的选择

116. 施工图审查要点包括（　　）。

A. 设计是否符合国家有关技术政策和标准规范及《建筑工程设计文件》编制深度的规定

B. 图纸资料是否齐全，能否满足施工需要

C. 设计是否合理，有无遗漏

D. 设计说明及设计图中的技术要求是否明确

E. 设计意图、工程特点、设备设施及其控制工艺流程

检验、控制

一、判断题（将判断结果填入括号中。正确的填"√"，错误的填"×"）

1. 室内生活用水和大量蒸气均可能影响建筑物结构，因此，即使在正常使用的情况下，也应进行防水设防。（　　）

2. 选用防水材料应考虑与饰面层的黏结性能。（　　）

3. 建筑室内防水工程范围主要指民用建筑中的厕浴间、厨房、有防水要求的其他楼地面，公用建筑中的浴室和建筑物内的水箱、水池、游泳池等。（　　）

4. 石材地面指天然花岗石、大理石及人造花岗石、大理石等地面。（　　）

5. 石材也是热胀冷缩，但若受热后再冷却，其收缩不能回复至原来体积，因而必保留一部分成为永久性膨胀。（　　）

6. 地面铺贴前将板材进行试拼，对花、对色、编号，以使铺设出的地面花色一致。（　　）

7. 由于其温和的结构和陶色，砂岩这种石材是浴室石材砖完美的选择。唯一的缺点是

砂岩易渗透，材质较软，所以需要不定期地进行化学处理以避免染色。（　）

8. 在混凝土结构层上用 30 mm 厚 1：3 水泥砂浆找平，因为现在大多采用不到高分子黏结剂，所以将木地板直接粘贴在地面上。（　）

9. 在混凝土结构层上用 15 mm 厚 1：3 水泥砂浆找平，因为现在大多采用不到高分子黏结剂，所以将木地板直接粘贴在地面上。（　）

10. 木地板的安装方法为：实铺实木地板应有基面板，基面板使用大芯板。（　）

11. 木地板粘贴式铺贴要确保水泥砂浆地面不起砂、不空裂，基层必须清理干净。（　）

12. 铺贴地板时，要用橡皮棰从四周向中间敲击，将气泡赶净。（　）

13. 地毯有块毯和卷材地毯两种形式，铺设方式是一样的。（　）

14. 地毯铺设后，用撑子将地毯拉紧张平，挂在倒刺板用胶粘贴，地毯铺平后用毡辊压出气泡。（　）

15. 地毯在铺装前必须进行实量，测量墙角是否规方，准确记录各角角度，根据计算的用料尺寸在地毯背面弹线裁割。（　）

16. 应选用强度等级不小于 32.5 级，经试验合格的同一厂家、同一品种、同一强度等级、同一批号、颜色一致的普通硅酸盐水泥或矿渣硅酸盐水泥。（　）

17. 抹灰前必须制作好标准灰饼。（　）

18. 平开木门窗的安装程序如下：确定安装位置→弹出安装位置线→将门窗框就位，摆正→临时固定→用线坠、水平尺将门窗框校正、找直→将门窗框固定、预埋在墙内→将门窗扇靠在框上→按门口划出高低、宽窄尺寸后刨修合页槽，位置应准确。（　）

19. 气罩就是将暖气散热片做隐蔽包装的设施。（　）

20. 窗帘盒有两种形式：一种是房间有吊顶的，窗帘盒应隐蔽在吊顶内，在做顶部吊顶时就同完成，另一种是房间未吊顶，窗帘盒固定在墙，窗框套成为个整体。（　）

21. 安装窗帘盒时应先按平线确定标高，划好窗帘盒中线，安装时将窗帘盒中线对准窗口中线，盒的靠墙部位要贴严。（　）

22. 为防止墙纸、墙布受潮脱落，可涂刷一层防潮涂料。（　）

23. 弹垂直线和水平线，是保证墙纸墙布横平竖直、图案正确的依据。（　）

24. 墙面要求平整，如墙面平整误差在 10 mm 以内，可采取抹灰修整的办法；如误差大于 10 mm，可在墙面与龙骨之间加垫木块。（ ）

25. G.P.C 法是国外的工艺名称，实际是干挂法施工工艺的发展，是把由花岗石薄板与钢筋细石混凝土作加强衬板制成的磨光花岗石复合板作为吊挂件，通过连接器具将其吊挂到结构的钢骨架上成为一体，并且在复合板与结构之间组成一个空腔的安装工艺。（ ）

26. 粘贴陶瓷锦砖的程序为：清理基层→抹底子灰→排砖弹线→粘贴→揭纸→擦缝。（ ）

27. 正式粘贴瓷砖前必须粘贴标准点，用以控制粘贴表面的平整度，操作时应随时用靠尺检查平整度，不平、不直的，要取下重粘。（ ）

28. 贴面类装饰基层必须清理干净，不得有浮土、浮灰。旧墙面要将原灰浆表层清净。（ ）

29. 木龙骨架应使用规格为 30 mm×20 mm 的红、白松木。（ ）

30. 玻璃砖应砌筑在配有两根 f6～f8 钢筋增强的基础上。（ ）

31. 玻璃固定的方法只有一种。（ ）

32. 玻璃固定的方法包括：(1) 在玻璃上钻孔，用镀铬螺钉、铜螺钉把玻璃固定在木骨架和衬板上。(2) 用硬木、塑料、金属等材料的压条压住玻璃。(3) 用环氧树脂把玻璃粘在衬板上。（ ）

33. 木材油漆主要施工工艺流程为：清理木器表面→磨砂纸打光→上润泊粉→打磨砂纸→满刮第一遍腻子，砂纸磨光→满刮第二遍腻子，细砂纸磨光→涂刷油色→刷第一遍清漆→拼找颜色，复补腻子，细砂纸磨光→刷第二遍清漆，细砂纸磨光→刷第三遍清漆，磨光→水砂纸打磨退光，打蜡，擦亮。（ ）

34. 打磨基层是涂刷清漆的重要工序，应首先将木器表面的尘灰、油污等杂质清除干净。（ ）

35. 乳胶漆涂刷的施工方法可以采用手刷、滚涂和喷涂。（ ）

36. 涂刷乳胶漆主要施工工艺为：清扫基层→填补腻子，局部刮腻子，磨平→第一遍满刮腻子，磨平→第二遍满刮腻子，磨平→涂刷封固底漆→涂刷第一遍涂料→复补腻子，磨平→涂刷第二遍涂料→磨光交活。（ ）

37. 轻钢龙骨、铝合金龙骨吊顶的施工工艺为：弹线→安装吊杆→安装龙骨架→安装面板。（　）

38. 悬吊式顶棚一般由三个部分组成：吊杆、骨架、面层。（　）

39. "木格栅吊顶的施工工艺"里，"清油涂刷"是第6个步骤。（　）

40. 在横竖龙骨格栅开槽搭接时，必须保证垂直，否则应进行修理后安装。（　）

41. 在家庭装修中，一般采用木龙骨做骨架，用石膏板或木材做面板，涂料或壁纸做饰面装饰的藻井式吊顶。（　）

42. 施工应检查原线路是否合格，如不合格则建议全部重布，施工前检查住户总电源处是否有漏电保护开关，如无应立即安装后方能施工用电。（　）

43. 在安装坐便器前应先对排污管道进行全面检查，看管道内是否有泥沙、废纸等杂物堵塞，同时检查坐便器安装位的地面前后左右是否水平，如发现地面不平，在安装坐便器时应将地面调平。（　）

44. 浴盆安装时，平面必须用水平尺校验平整，不得侧斜。（　）

45. 其他各类浴盆可根据有关标准或用户需求确定浴盆上的平面高度。（　）

46. 坐便器安装时应先在底部排水口周围涂满油灰，然后将坐便器排出口对准污水管口慢慢地往下压挤密实填平整，再将垫片螺母拧紧，清除被挤出油灰，在底座周边用油灰填嵌密实后立即用回丝或抹布揩擦清洁。（　）

47. 管道嵌墙暗装时，墙体开槽深度与宽度应不小于管材外径加 20 mm，管道试压合格后墙槽应用 1∶3 水泥砂浆填补密实。（　）

48. 明装管道单根冷水管道距墙表面应为 15～20 mm，冷热水上下平行时热水在上冷水在下；冷热水水平平行时，冷水管应在热水管里档。（　）

49. 塑料管道基础在接口部位的凹槽，宜控制其在管道铺设时随挖随铺，接口完成后，凹槽应随即用中粗砂回填密实。（　）

50. 家庭厨具安装专业技术性很强，安装程序一般是：墙、地面基层处理→安装产品检验→安装吊柜→安装底柜→接通给、排水→安装配套电器→测试、调整、整理。（　）

51. 底柜安装应先调整水平旋钮，保证各柜体台面、前脸均在一个水平面上，两柜连接使用木螺钉，后背板通管线、表、阀门等应在背板划线打孔。（　）

52. 结构工程经过监督站验收达到合格后，即可进行门窗安装施工。（　）
53. 安装对开扇时，应将门扇的宽度用尺量好，再确定中间对口缝的裁口深度。如采用企口榫时，对口缝的裁口深度及裁口方向应满足装锁的要求，然后将四周刨到准确尺寸。（　）
54. 门窗扇的密封条应安装完好，门窗关闭后密封条不应处于被压缩状态。（　）
55. 只要门窗安装牢固，检验推拉门窗扇时不一定需要关注有无防脱落措施。（　）
56. 塑料门窗拼樘料内衬应增加型钢且应与型材内腔紧密吻合。（　）
57. 塑料窗的构造尺寸包括预留洞口与待安装窗框的间隙及墙体饰面材料的厚度。（　）
58. 隔墙端部的石膏板与周围的墙或柱应留有 3 mm 的槽口，板与板之间应留 5～8 mm 板缝，施铺罩面板时，应先在槽口处加注嵌缝膏，然后铺板并挤压嵌缝膏使面板与邻近表层接触紧密。（　）
59. 安装胶合板、人造木板的基体表面，需用油毡、釉质防潮，应铺设平整，搭接严密，不得有皱折、裂缝和透孔等。（　）
60. 面层为胶合板的隔墙，胶合板背面应进行防火处理。（　）
61. 在结构基层上，按设计要求弹线，确定龙骨及吊点位置。主龙骨端部或接长部位要增设吊点。较大面积的吊顶，龙骨和吊点间距应进行单独设计和验算。（　）
62. 采用金属膨胀螺栓固定吊挂杆件。不上人的吊顶，可以采用 $\phi 6～\phi 8$ 的吊杆。（　）
63. 吊顶内填充吸声材料的品种和铺设厚度应符合设计要求，并应有防散落措施。（　）
64. 粘贴固定的罩面板不应有脱层。（　）
65. 石材、面砖的品种、规格、颜色和性能应符合设计要求。（　）
66. 混凝土或抹灰层基层在涂饰涂料前应涂刷抗碱封闭底漆。（　）
67. 高级涂饰的装饰线、分色线直线度的允许偏差为 1.0 mm。（　）
68. 清漆漆面应木纹清晰、棕眼刮平。（　）
69. 墙面裱糊拼接处花纹、图案应吻合恰当，不离缝，不搭接，不显拼缝。（　）

70. 裱糊安装的表面质量应采用目测的方法。 （　　）

71. 软包饰面与压条、盖板、踢脚线、电器盒面板等交接处应交接紧密、无毛边。
（　　）

72. 软包工程表面质量的检测应采用目测与手感的方式。 （　　）

73. 原始数据的记录可以在检测结束完成记录。 （　　）

74. g 是重量的法定计量单位。 （　　）

75. 1 度＝（π／180）弧度＝60 分＝3 600 秒。 （　　）

76. 带有趋势捕获（Trend Capture）功能的 Fluke 287 真有效值数据存储型万用表可快速对设计性能进行归档，并以图形方式显示发生的事件。 （　　）

77. 一面墙面装饰抹灰局部有空鼓，但该工程抹灰分项仍可以判定为合格。 （　　）

78. 卧室竹地板行走出现明显响声是不符合质量要求的。 （　　）

79. 木门表面存在锤痕，这一现象是不符合木门窗质量要求的。 （　　）

80. 五金配件是否齐全是判断木门窗工程质量合格与否的因素，但不是判断塑料门窗工程质量合格与否的因素。 （　　）

81. 轻质隔墙基层应进行防火处理，防腐处理则视情况而定。 （　　）

82. 设计选用轻钢龙骨，实际使用为木龙骨，但不影响使用，这一做法是符合的。
（　　）

83. 明龙骨吊顶金属吊杆应进行防火与防腐处理。 （　　）

84. 满粘法施工墙面砖，允许 200 mm² 的空鼓。 （　　）

85. 混凝土或抹灰基层涂刷乳液型涂料时，含水率不得大于 8%。 （　　）

86. 裱糊工程每个检验批应至少抽查 20%，并不得少于 3 间，不足 3 间时应全数检查。
（　　）

87. 以地面水为水源的给水系统，一般由以下各部分组成：取水构筑物、一级泵站、净水构筑物。 （　　）

88. 厨房排水管入墙暗敷是不符合排水安装工程要求的。 （　　）

89. 变压器本体安装应符合以下规定：位置正确，注油量、油号准确，油位清晰；油箱无渗油现象，就位后，轮子固定可靠；同时装有气体继电器的变压器顶盖，沿气体继电器的

气流方向有1‰～1.5‰的升高坡度。 ( )

90. 卫浴设备安装工程中浴缸未预留检修口是属于合格的。 ( )

91. 消防喷洒管材应根据设计要求选用，一般采用镀锌碳素钢管及管件，管壁内外镀锌均匀，无锈蚀、无飞刺，零件无偏加、方扣、丝扣不全、角度不准等现象。 ( )

92. 向上喷的喷洒头有条件的可与分支干管顺序安装好。其他管道安装完后不易操作的位置也应先安装好向上喷的喷洒头。 ( )

二、单项选择题（选择一个正确的答案，将相应的字母填入题内的括号中）

1. 用来检测室内（ ）管道是否漏气的专用检测工具是U型压力计。
   A. 燃气　　　B. 排水　　　C. 空调　　　D. 下水

2. 试压泵上配备的压力表可选用准确度为（ ）级，最大量程为1.0 MPa、分度值不大于0.02 MPa的压力表。
   A. 1.5　　　B. 1.0　　　C. 2　　　D. 0.02

3. （ ）应定期进行计量检定。
   A. 试压泵　　　B. 响鼓锤　　　C. 压力表　　　D. 阀门

4. （ ）因为是用来检测数据的，所以一定用计量检定。
   A. 压力表　　　B. 试压泵　　　C. 水平尺　　　D. 响鼓锤

5. （ ）是用来检测墙地面镶贴空鼓工具。
   A. 试压泵　　　B. 响鼓锤　　　C. 压力表　　　D. 阀门

6. 标准（ ）主要用来检测装饰装修构件的缝隙和接缝高低。
   A. 水银　　　B. 塞片　　　C. 板金　　　D. 木片

7. 在平整度检测过程中，（ ）应注意保持水平。
   A. 垂直尺　　　B. 检测尺　　　C. 水平尺　　　D. 角尺

8. （ ）测试前，不需要特别检查其外壳。
   A. 气压表　　　B. 压力表　　　C. 试压泵　　　D. 绝缘电阻表

9. 以下不属于智能系统的是（ ）。
   A. 室内墙面　　　B. 防火报警　　　C. 信息网络　　　D. 安全防范

10. 对于不具备现场检测条件的产品，可要求进行（ ）检测并出具检测报告。

A. 设计单位　　B. 工厂　　　　C. 业主　　　　D. 建筑商

11. 室内供暖管道多采用（　），只是对装饰要求高或工艺上需要特殊要求的建筑物中才使用（　）方式。

　　A. 明敷　暗敷　B. 暗敷　明敷　C. 明装　暗装　D. 暗装　明装

12. 对于（　）管道不能直接靠在砌体上，避免影响伸缩或破坏结构物。

　　A. 明敷　　　　B. 暗敷　　　　C. 明装　　　　D. 暗装

13. 使用（　）引进装置或器材的工程，以及扩建、改建的工程其质量的检验和评定，可根据具体情况参照标准执行。

　　A. 国外　　　　B. 国际　　　　C. 国内　　　　D. 世界

14. 室内通风工程质量要求主要指标和要求是根据（　）（GB-234-82）的规定提出的。

　　A. 《通风与空调工程施工及验收规范》

　　B. 《建筑安装工程质量检验评定统一标准》

　　C. 《空调工程施工及验收规范》

　　D. 《工程质量检验评定统一标准》

15. 空气调节（简称空调）是更高一级的通风，它不仅要保证送入室内空气的湿度和洁净，且同时要保证一定的相对（　）和风速。

　　A. 湿度　　　　B. 温度　　　　C. 洁净　　　　D. 刚度

16. （　）被世界卫生组织公布为19种主要环境致癌物之一，且被国际癌症研究机构列入室内主要致癌物。

　　A. 氡　　　　　B. 氧　　　　　C. 氢　　　　　D. 氮

17. 建筑工程采用的主要材料、半成品、成品、建筑构配件、器具和设备应进行现场验收。凡涉及安全、功能的有关产品，应按各专业工程质量验收规范规定进行复验，并应经（　）检查认可。

　　A. 设计师　　　B. 工程师　　　C. 监理工程师　D. 总监

18. 同时为了避免千年虫问题，要求在记录引用标准时，无论原标准年号是两位年号，还是四位年号，从2000年开始，一律都改成（　）。

A. 标准年号　　B. 两位年号　　C. 四位年号　　D. 三位年号

19. 原始记录每年或每季度或每月按类别整理归档，统一保管，保存期一般为（　　）年。

　　A. 1　　　　B. 2　　　　C. 3　　　　D. 4

20. 以下不属于一级审核内容的是（　　）。

　　A. 原始记录纸是否是正式表格，栏目填写是否齐全、有无差错
　　B. 数据是否现场真实记载
　　C. 有效数值表达、进舍规则、异常值处理是否符合有关标准要求
　　D. 执行标准是否正确，方法选择是否恰当

21. 样本不合格品率与总体不合格品率（　　）相等。

　　A. 一定　　B. 不一定　　C. 基本　　D. 大部分

22. 建筑工程设计应当符合按照（　　）规定制定的建筑安全规程和技术规范，保证工程的安全性能。

　　A. 国家　　B. 省级　　C. 市级　　D. 县级

23. 建筑施工企业应当在施工现场采取维护安全、防范危险、预防火灾等措施；有条件的，应当对施工现场实行（　　）。

　　A. 开放管理　　B. 封闭管理　　C. 半封闭管理　　D. 半开放管理

24. （　　）质量问题历来是装修材料的重灾区，特别是隐蔽工程中使用的出现质量问题，将给消费者带来极大损失。

　　A. 胶粘剂　　B. 管材管件　　C. 内墙砖　　D. 内墙涂料

25. 干粘石与水刷石的石子粒径以（　　）mm为宜，石子使用前应放在混凝土搅拌机中先冲水搅拌几下，将石子毛边打掉，使石粒饱满、洁净，过筛晾干后备用。

　　A. 2～4　　B. 4～6　　C. 4～8　　D. 6～8

26. 抹灰时应先在基层上刷一道水泥浆，水灰比控制在（　　）左右，并注意随刷随抹。

　　A. 0.1　　B. 0.2　　C. 0.3　　D. 0.4

27. 胶合板门、纤维板门应做透气孔，孔数为中冒头及上下冒头等边不少于（　　）

个,孔径为 6 mm,并贯穿上下框。

  A. 1   B. 2   C. 3   D. 4

28. 骨架隔墙工程的检查数量应符合下列规定:每个检验批应详细抽查10%,并不得少于(　)间;不足时应全数检查。

  A. 1   B. 2   C. 3   D. 4

29. 安装双层石膏板时,面层板与基层板的接缝应(　)。

  A. 错开,且不得在同一龙骨上接缝

  B. 错开,可在同一龙骨上接缝

  C. 平行,且不得在同一龙骨上接缝

  D. 平行,可在同一龙骨上接缝

30. 当设计无要求时,主龙骨吊点间距应小于(　)m。

  A. 0.8   B. 1.0   C. 1.2   D. 1.5

31. 有反碱弊病的粉刷工程,不论产生的原因如何,都应首先保证基层(　),有良好的施工环境。

  A. 保湿   B. 干燥   C. 保温   D. 防潮

32. 《建筑装饰装修工程质量验收规范》适用于内墙饰面砖粘贴工程和高度不大于(　)m、抗震设防烈度不大于8度、采用满粘法施工的外墙饰面砖粘贴工程的质量验收。

  A. 50   B. 100   C. 150   D. 200

33. 软包工程每个检验批应至少抽查(　),并不得少于6间,不足6间时应全数检查。

  A. 10% B. 20% C. 30% D. 40%

34. 玻璃幕墙框料应(　),单元式幕墙的单元拼缝或隐框幕墙分格玻璃拼缝应竖直横平,缝宽应均匀,并符合设计要求。

  A. 竖直   B. 横平   C. 垂直   D. 竖直横平

35. 建筑电气安装工程资料必须要报(　)单位及质检站核查。

  A. 监理   B. 施工   C. 设计   D. 业主

36. 安装喷嘴时,把喷嘴靠磁盆地方加(　)mm胶垫,抹油灰,把定型铜管一端和喷嘴连接,另一端和混合开关四通下转芯连接,拧紧螺母,转芯门的门挺必须朝一侧,和四通横管并行。

  A. 1　　　　　B. 2　　　　　C. 3　　　　　D. 4

37. 需防水部位的厕浴间、厨房防水范围应包括全部地面及高出地面（　　）mm 以上的四周泛水。

  A. 50　　　　　B. 150　　　　C. 250　　　　D. 350

38. 防水层外表通常需进行粉刷或铺贴其他饰面材料,因此,选用的防水材料应考虑与饰面层的（　　）性能。

  A. 抗氧化　　　B. 黏结　　　　C. 高温　　　　D. 耐热

39. 地面一般防水层应翻上墙面（　　）mm。

  A. 50　　　　　B. 150　　　　C. 250　　　　D. 350

40. 顶面防潮宜用（　　）防水材料直接粉刷在结构楼板底面,外面再进行饰面粉刷。

  A. 刚性类　　　B. 柔性类　　　C. 塑胶类　　　D. 复合类

41. 到 -20℃时,发生冻结,孔隙内水分膨胀比原有体积大 1/10,岩石若不能抵抗此种膨胀所发生之力,便会出现破坏现象。一般若吸水率小于（　　）,就不考虑其抗冻性能。

  A. 0.2%　　　　B. 0.3%　　　　C. 0.4%　　　　D. 0.5%

42. 石材地面装饰铺贴完成后,2~3 h 内不得上人。陶瓷锦砖应养护（　　）天才可上人。

  A. 1~2　　　　B. 2~4　　　　C. 2~3　　　　D. 4~5

43. 铺装操作时要每行依次挂线,（　　）必须浸水湿润,阴干后擦净背面。

  A. 石材　　　　B. 木材　　　　C. 地毯　　　　D. 织物

44. 听石材的敲击声音,一般而言,质量好的,内部致密均匀且无显微裂隙的石材,其敲击声清脆悦耳;相反,若石材（　　）存在显微裂隙或细脉,或因风化导致颗粒间接触变松,则敲击声粗哑。

  A. 两边　　　　B. 中间　　　　C. 外部　　　　D. 内部

45. 陶瓷地面砖铺贴完 2~3 h 后,用白水泥擦缝,用水泥、沙子比为（　　）(体积比)的水泥砂浆,缝要填充密实,平整光滑。再用棉丝将表面擦净。

A. 1∶1　　　B. 1∶2　　　C. 2∶1　　　D. 1∶3

46. 铺贴时，水泥砂浆应饱满地抹在陶瓷地面砖（　　），铺贴后用橡皮棰敲实；同时，用水平尺检查校正，擦净表面水泥砂浆。

　　A. 正面　　　B. 背面　　　C. 前面　　　D. 下面

47. 铺贴陶瓷地面砖如果加上前期基层处理和铺贴后的养护，每个工人每天实际铺装（　　）m² 左右。

　　A. 2　　　B. 4　　　C. 6　　　D. 8

48. 在混凝土结构层上用（　　）mm 厚 1∶3 水泥砂浆找平，现在大多不用高分子黏结剂，将木地板直接粘贴在地面上。

　　A. 10　　　B. 15　　　C. 20　　　D. 25

49. 基层清理→涂刷底胶→弹线、找平→钻孔、安装预埋件→安装毛地板、找平、刨平→钉木地板、找平、刨平→钉踢脚板→刨光、打磨→油漆→上蜡是（　　）的施工工艺步骤。

　　A. 粘贴法施工工艺　　　　B. 强化复合地板施工工艺
　　C. 架空式施工工艺　　　　D. 实铺法施工工艺

50. 购买装修地面材料时应按实际铺装面积增加（　　）的损耗一次购买齐备。

　　A. 10%　　　B. 20%　　　C. 30%　　　D. 40%

51. 铺装完毕，要及时清理地板表面，使用（　　）胶粘剂时可用湿布擦净，使用溶剂型胶粘剂时，应用松节油或汽油擦除胶痕。

　　A. 干性　　　B. 水性　　　C. 油性　　　D. 其他

52. 地板块在铺装前应进行（　　）、脱蜡处理。

　　A. 脱脂　　　B. 脱水　　　C. 脱油　　　D. 脱干

53. 对于相邻两房间铺设同颜色图案塑料地板，分隔线应在门框踩口线（　　），使门口地板对称。

　　A. 内　　　B. 外　　　C. 上　　　D. 下

54. 基层塑料地板块（　　）同时涂胶，胶面黏手时即可铺贴。

　　A. 背面　　　B. 前面　　　C. 正面　　　D. 侧面

55. PVC 地面卷材应在铺贴前（　　）进行裁切，并留有 0.5% 的余量，因为塑料在切割后有一定的收缩。

    A. 3～6 天　　　B. 1～3 天　　　C. 2～5 天　　　D. 1～3 天

56. 活动式铺设是指将地毯明摆浮搁在基层上，不需将地毯与基层（　　）。

    A. 铺设　　　B. 活动　　　C. 卡条　　　D. 固定

57. 磨细生石灰粉的细度过 0.125 mm 孔径筛，累计筛余量不大于（　　）。使用前用水浸泡使其达到充分熟化，其熟化期不应少于 3 天。

    A. 11%　　　B. 12%　　　C. 13%　　　D. 14%

58. 窗帘盒单杆宽度为 120 mm，双杆宽度为 150 mm 以上，长度最短应超过窗口宽度（　　）mm。

    A. 100　　　B. 200　　　C. 300　　　D. 400

59. 贯通式窗帘盒可直接固定在两侧墙面及（　　）上，非贯通式窗帘应使用金属支架，为保证窗帘盒安装平整，两侧距窗洞口长度相等，安装前应先弹线。

    A. 底面　　　B. 顶面　　　C. 侧面　　　D. 前面

60. 在木门窗套施工中，首先应在基层墙面内打孔，木模木模间距小于（　　）mm，每行间距小于 150 mm。

    A. 100　　　B. 200　　　C. 300　　　D. 400

61. 裁切饰面板时，应先按门洞口及贴脸宽度弹出裁切线，用锋利裁刀裁开，对缝处刨 45°角，（　　）刷乳胶液后贴于底板，表层用射钉枪钉入无帽直钉加固。

    A. 背面　　　B. 顶面　　　C. 侧面　　　D. 顶面

62. 暖气罩施工应在（　　）顶棚墙体已做完基层处理后开始，基层墙面应平整。

    A. 室内　　　B. 室外　　　C. 吊顶　　　D. 墙体

63. 暖气罩木工制作完成后，应立即进行（　　）处理，涂刷遍清油后方可进行其他操作。

    A. 饰面　　　B. 表面　　　C. 散热　　　D. 涂料

64. 暖气罩高度应在窗台以或窗台接平，厚度应比暖气宽（　　）mm 以内。

    A. 10　　　B. 20　　　C. 30　　　D. 40

65. 暖气罩的长度应比散热片长 100 mm，高度应在窗台以（　）或与窗台接平。
   A. 上   B. 下   C. 左   D. 右

66. 暖气罩厚度应比暖气宽（　）mm 以上。
   A. 10   B. 20   C. 10   D. 20

67. 窗帘轨有单、双或三轨道之分。当窗宽大于（　）mm 时，窗帘轨应断开，断开处煨弯错开，煨弯应平缓曲线，搭接长度不小于 200 mm。
   A. 600   B. 800   C. 1 000   D. 1 200

68. 裱糊类墙面平整度达到用（　）m 靠尺检查，高低差超过 2 mm。
   A. 1   B. 2   C. 3   D. 4

69. 裱糊工程基层含水率不得大于（　）。
   A. 8%   B. 10%   C. 12%   D. 14%

70. （　）接缝用嵌缝腻子处理，并用接缝带贴牢表面刮腻子。
   A. 石膏板   B. 壁纸   C. 饰面板   D. 水泥板

71. 墙面清扫干净，将表面裂缝、坑洼不平处用（　）找平。
   A. 腻子   B. 石灰   C. 水泥   D. 胶水

72. 在墙转角处，门窗洞口处弹出（　）线，以便裱贴时控制墙布不斜。
   A. 垂直   B. 倾斜   C. 平行   D. 相交

73. 根据护墙板高度和房间大小钉做木棒经骨，整片或分片安装，在木墙裙底部安装踢脚板，将踢脚板固定在垫木及墙板上，踢脚板高度为（　）mm，冒头用木线条固定在护墙板上。
   A. 100   B. 150   C. 200   D. 250

74. 木墙裙安装后，应立即进行饰面处理，涂刷（　）一遍，以防止其他工种污染板面。
   A. 清油   B. 石油   C. 清水   D. 浊油

75. 墙面要求平整。如墙面平整误差在 10 mm 以内，可采取抹灰修整的办法；如误差大于 10 mm，可在墙面与龙骨之间加垫（　）。
   A. 骨架   B. 木饰面板   C. 防潮剂   D. 木块

76. 如涂刷清漆，应挑选（　　）树种、颜色和花纹的面板。
    A. 同　　　　　B. 不同　　　　C. 相似　　　　D. 类似

77. 抹底子灰后，底层（　　）成干时，进行排砖弹线。
    A. 2~4　　　　B. 3~7　　　　C. 4~7　　　　D. 6~7

78. 基层处理时，应全部清理墙面上的各类污物，并提前（　　）天浇水湿润。
    A. 1　　　　　B. 2　　　　　C. 3　　　　　D. 4

79. 瓷砖粘贴前必须在清水中浸泡（　　）h以上，以砖体不冒泡为准，取出晾干待用。
    A. 1　　　　　B. 2　　　　　C. 3　　　　　D. 4

80. 贴面类装饰，瓷砖必须浸泡后（　　）。
    A. 阴干　　　　B. 烘干　　　　C. 晒干　　　　D. 晾干

81. 木龙骨隔断墙的施工里，"清理基层地面"应该是第（　　）个步骤。
    A. 1　　　　　B. 2　　　　　C. 3　　　　　D. 4

82. "弹线，返线至顶棚及主体结构墙上"属于木龙骨隔断墙的施工程序的第（　　）个步骤。
    A. 1　　　　　B. 2　　　　　C. 3　　　　　D. 4

83. "在地面用砖、水泥砂浆做地枕带（又称踢脚座）"属于木龙骨隔断墙的施工程序的第（　　）个步骤。
    A. 1　　　　　B. 2　　　　　C. 3　　　　　D. 4

84. 匀面玻璃厚度应为（　　）mm。
    A. 2~4　　　　B. 3~8　　　　C. 5~8　　　　D. 6~9

85. 玻璃固定的方法有（　　）种。
    A. 1　　　　　B. 2　　　　　C. 3　　　　　D. 4

86. 镜面玻璃安装工艺中，"钉木龙骨架"是第（　　）个步骤。
    A. 1　　　　　B. 2　　　　　C. 3　　　　　D. 4

87. 用（　　）把玻璃粘在衬板上也是一种安装玻璃方法。
    A. 环氧树脂　　B. 树脂　　　　C. 胶水　　　　D. 腻子

88. 用（　　）、塑料、金属等材料的压条压住玻璃也是安装玻璃的方法。

A. 硬木　　　　B. 塑料　　　　C. 玻璃　　　　D. 水泥

89. 混色油漆施工工艺里,"用磨砂纸打平"是第（　　）个步骤。
A. 1　　　　B. 2　　　　C. 3　　　　D. 4

90. 基层处理时,除清理基层的杂物外,还应进行局部的（　　）嵌补,打砂纸时应顺着木纹打磨。
A. 腻子　　　　B. 水泥　　　　C. 清油　　　　D. 胶水

91. 一般油漆在施工硬干后仍需一段时间完全干透,这个过程通常需要（　　）天。
A. 2　　　　B. 4　　　　C. 7　　　　D. 9

92. 腻子应与涂料性能配套,坚实牢固,不得粉化、起皮、裂纹。卫生间等潮湿处使用（　　）腻子。
A. 耐水　　　　B. 耐高温　　　　C. 耐腐蚀　　　　D. 耐低温

93. 乳胶漆涂液要充分搅匀,黏度太大可适当加少量水,黏度小可加（　　）。
A. 增稠剂　　　　B. 腐蚀剂　　　　C. 调量剂　　　　D. 增厚剂

94. 吊杆的材料大多使用（　　）。
A. 钢筋　　　　B. 龙骨　　　　C. 铝合金　　　　D. PVC塑料

95. 吊点间距应当复验,一般不上人吊顶为（　　）mm,上人吊顶为900~1 200 mm。
A. 1 000~1 200　　B. 1 200~1 500　　C. 1 400~1 500　　D. 1 500~1 800

96. "PVC塑料板吊顶"里,"弹线"是第（　　）个步骤。
A. 1　　　　B. 2　　　　C. 3　　　　D. 4

97. 依据设计标高,沿墙面四周弹线,作为顶棚安装的标准线,其水平允许偏差±（　　）mm。
A. 2　　　　B. 3　　　　C. 4　　　　D. 5

98. 对木格栅骨架表面进行饰面处理,一般是粘贴较名贵的（　　）薄片,安装照明灯具和收口装饰线条,灯具底座可在木格栅骨架制作时安装,吊装后接通电源。
A. 木材　　　　B. 木龙骨　　　　C. 铝合金　　　　D. 轻钢龙骨

99. 木格栅吊顶的施工工艺里,"开半槽搭接"是第（　　）个步骤。
A. 1　　　　B. 2　　　　C. 3　　　　D. 4

100. 格栅分格不匀或不方正，主要原因是基础墙面不方正或横竖格栅交叉处开口不（   ）所致。
　　　A. 垂直　　　B. 平行　　　C. 相交　　　D. 倾斜

101. 在安装木格栅骨架前，应对基础墙面进行找方处理，先用尺测量各边长度及角的角度，如误差不大可用腻子刮披墙面找方，如误差较大时，则应先垫木板后，再用（   ）找平。
　　　A. 水泥　　　B. 腻子　　　C. 化学剂　　　D. 胶水

102. 藻井式吊顶其中木工制作需要（   ）天时间。
　　　A. 4　　　B. 6　　　C. 12　　　D. 16

103. 采用藻井式吊顶，如果高差大于（   ）mm时，应采用梯层分级处理。
　　　A. 100　　　B. 200　　　C. 300　　　D. 400

104. 藻井式吊顶的验收中灯具应布局合理，横竖（   ），开关灵活有效。
　　　A. 对称　　　B. 不对称　　　C. 均匀　　　D. 不均匀

105. 导线间和导线对地间的绝缘电阻应大于（   ）MΩ，阻燃管内接地线的接地电阻小于 10 MΩ。
　　　A. 0.2　　　B. 0.3　　　C. 0.4　　　D. 0.5

106. 所有线路必须穿管，所有线管及配件必须使用合格产品，并且保留产品合格证，墙上开线槽深度不得超过（   ）mm，不得在预制板、现浇板、梁、柱上开槽。
　　　A. 10　　　B. 20　　　C. 30　　　D. 40

107. PVC线管与接线盒必须使用锁母连接，PVC管埋入墙体，在线路布完并通电检查合格后方能暗埋，管壁距最终抹灰面应不小于（   ）mm。
　　　A. 5　　　B. 10　　　C. 15　　　D. 20

108. 灯具安装要牢固，灯具重量超过（   ）kg时，应固定在预埋的吊钩或螺栓上。
　　　A. 1　　　B. 3　　　C. 5　　　D. 10

109. 灯具安装要牢固，重量在（   ）kg以下的普通吊灯灯具，可采用软导。
　　　A. 1　　　B. 2　　　C. 3　　　D. 4

110. "安装坐便器的工艺流程"里，"画好印记"是第（   ）个步骤。

A. 1 　　　　B. 2 　　　　C. 3 　　　　D. 4

111. 把脸盆放在架上找平整，将直径（　　）mm 的螺栓焊上一横铁棍，上端插入固定孔内，下端插入管架子内，带上螺母，拧至松紧适度。

A. 4 　　　　B. 6 　　　　C. 8 　　　　D. 10

112. "安装浴盆的工艺流程"里，"油灰封闭严密"是第（　　）个步骤。

A. 1 　　　　B. 2 　　　　C. 3 　　　　D. 4

113. "安装淋浴器的工艺流程"里，"量出短节尺寸"是第（　　）个步骤。

A. 1 　　　　B. 2 　　　　C. 3 　　　　D. 4

114. "安装淋浴器的工艺流程"里，"淋浴器铜进水口抹铅油"是第（　　）个步骤。

A. 1 　　　　B. 2 　　　　C. 3 　　　　D. 4

115. "安装净身器的工艺流程"里，"喷嘴转芯门装"是第（　　）个步骤。

A. 1 　　　　B. 2 　　　　C. 3 　　　　D. 4

116. 托架固定螺栓可采用不小于（　　）mm 的镀锌开脚螺栓或镀锌金属膨胀螺栓（如墙体是多孔砖，则严禁使用膨胀螺栓）。

A. 5 　　　　B. 6 　　　　C. 15 　　　　D. 20

117. 排水栓与洗涤盆镶接时，排水栓溢流孔应尽量对准洗涤盆溢流孔，以保证溢流部位畅通，镶接后排水栓上端面应（　　）洗涤盆底。

A. 低于　　B. 高于　　C. 等于　　D. 相当于

118. 浴盆安装上平面必须用水平尺校验平整，不得（　　）。

A. 侧斜　　B. 倾斜　　C. 平行　　D. 垂直

119. 浴盆安装时应不损坏镀铬层，（　　）罩与墙面应紧贴。

A. 镀金　　B. 镀银　　C. 镀铜　　D. 镀络

120. 给水管角阀中心一般在污水管中心左侧（　　）mm 或根据坐便器实际尺寸定位。

A. 50 　　　　B. 80 　　　　C. 150 　　　　D. 200

121. 不得破坏防水层。已经破坏或没有防水层的，要先做好（　　），并经 12 h 积水渗漏试验。

A. 防水　　B. 防雪　　C. 防酸　　D. 防霉

122. 冲水箱内溢水管高度应低于扳手孔（　　）mm，以防进水阀门损坏时水从扳手孔溢出。
    A. 10～20　　　B. 30～40　　　C. 40～60　　　D. 50～80

123. "管路改造工程的施工工艺"里，"水管量尺下料"是第（　　）个步骤。
    A. 1　　　B. 2　　　C. 3　　　D. 5

124. "管路的连接一般采用螺纹连接的方法"里，管口套丝是第（　　）个步骤。
    A. 1　　　B. 2　　　C. 3　　　D. 4

125. 管子安装前，应先清理管内，使其内部清洁无杂物。安装时，注意接口质量，同时找准各甩头管件的位置与（　　），以确保安装后连接各用水设备的位置正确。
    A. 朝向　　　B. 位置　　　C. 大小　　　D. 厚薄

126. （　　）在地坪面层内或吊平顶内，均应在试压合格后做好隐蔽工程验收记录工作。
    A. 管道暗敷　　　B. 管道明敷　　　C. 暗敷　　　D. 明敷

127. 热水管穿越楼层时，应设置钢套管，套管上部高出（　　）mm，下部与板底持平，套管应大于管道两档，并有防水措施。
    A. 20　　　B. 50　　　C. 100　　　D. 200

128. 地塑料排水管道工程竣工后，必须经过竣工（　　），合格后方可交付使用。
    A. 验收　　　B. 检修　　　C. 检测　　　D. 维修

129. "厨房设备安装工艺流程"里，"安装底柜"是第（　　）个步骤。
    A. 1　　　B. 2　　　C. 3　　　D. 4

130. 安装灶台，不得出现漏气现象，安装后用（　　）检验是否安装完好。
    A. 肥皂沫　　　B. 洗洁精　　　C. 苏打水　　　D. 香皂水

131. 用块状生石灰淋制时，用筛网过滤，储存在沉淀池中，使其充分熟化。熟化时间常温一般不少于（　　）天，用于罩面灰时不少于30天，使用时石灰膏内不得含有未熟化的颗粒和其他杂质。
    A. 5　　　B. 10　　　C. 15　　　D. 20

132. 麻刀必须柔韧干燥，不含杂质，行缝长度一般为（　　）mm，用前4～5天敲打松散并用石灰膏调好,也可采用合成纤维。

  A. 10～60 B. 10～20 C. 10～30 D. 10～50

133. 配电箱(柜)、消火栓(柜)以及卧在墙内的箱(柜)等背面露明部分应加钉钢丝网固定好,涂刷一层胶黏性素水泥浆或界面剂,钢丝网与最小边搭接尺寸不应小于(　　)cm。

  A. 10 B. 20 C. 30 D. 40

134. 抹灰前应先搭好脚手架或准备好高马凳,架子应离开墙面(　　)cm,便于操作。

  A. 10～25 B. 20～25 C. 30～25 D. 40～25

135. 室内地面所用石材可使用薄板和(　　)水泥砂浆掺107胶铺贴。

  A. 1∶2 B. 2∶3 C. 2∶5 D. 4∶5

136. 石材、瓷质砖地面铺装后的养护十分重要,安装(　　)h后必须洒水养护,铺巾完后覆盖锯末养护。

  A. 10 B. 12 C. 18 D. 24

137. 空鼓面积不大于(　　)cm²,无裂纹,且在一个检查范围内不多于2处者,可不计。

  A. 100 B. 200 C. 300 D. 400

138. 将门扇靠在框上划出相应的尺寸线,如果扇大,则应根据框的尺寸将大出的部分刨去,若扇小应绑木条,且木条应绑在装合页的一面,用胶粘后并用钉子钉牢,钉帽要砸扁,顺木纹送入框内(　　)mm。

  A. 1～2 B. 2～4 C. 3～5 D. 4～7

139. 要求拼接的板面、板材厚度不少于(　　)mm,且要求纹理顺直、颜色均匀、花纹近似,不得有节疤、裂缝、扭曲、变色等疵病。

  A. 10 B. 20 C. 30 D. 40

140. (　　)推拉门窗扇必须有防脱落措施。

  A. 金属 B. 木材 C. 塑料 D. PVC塑料

141. 合格的推拉门窗扇要关闭严密,间隙基本均匀,扇与框搭接量不小于设计要求的(　　),推拉灵活。

A. 20%　　　　B. 40%　　　　C. 60%　　　　D. 80%

142. （　　）门窗的组装厂家，必须提供合格的门窗半成品和配件。应根据实际工程设计图纸要求，进行门窗的详细设计和组合，需要时，还应进行抗风压强度和变形验算。

A. 金属　　　　B. 塑料　　　　C. 木材　　　　D. 大理石

143. 无下框平开门应使两边框的下脚低于地面标高线，其高度差宜为（　　）mm；带下框平开门或推拉门应使下框低于地面标高线，其高度差宜为 10 mm。

A. 10　　　　B. 20　　　　C. 30　　　　D. 40

144. （　　）所使用材料的品种、规格、性能、颜色应符合设计要求。

A. 隔墙　　　　B. 幕墙　　　　C. 吊顶　　　　D. 地板

145. （　　）隔墙中，金属夹芯板面板安装的接缝高低差允许尺寸偏差为 1.0 mm。

A. 木材　　　　B. 金属材　　　　C. 板材　　　　D. 铜材

146. 检测板材隔墙安装的（　　）方正，一般使用的仪器是直角尺。

A. 阴角　　　　B. 阳角　　　　C. 阴阳角　　　　D. 钝角

147. （　　）隔墙工程的边框龙骨必须与基体结构连接牢固。

A. 骨架　　　　B. 板材　　　　C. 金属材　　　　D. 料材

148. （　　）作为面板的，与周围墙或柱应留有 3.0 mm 的槽口，以便进行防裂处理。

A. 骨架　　　　B. 石膏板　　　　C. 板材　　　　D. 金属

149. 测得（　　）隔墙工程的立面垂直度 4.0 mm 为与标准相符。

A. 人造板材　　B. 人造塑料　　C. 人造金属材　　D. 石膏板

150. 测得（　　）隔墙工程的表面平整度 3.0 mm 为与标准相符。

A. 纸面石膏板　B. 人造板材　　C. 人造塑料　　D. 石膏板

151. 在墙、柱面按（　　）mm 的间距钻孔打入防腐木楔，再将 L 型边龙骨用螺钉与墙、柱面固定。

A. 200～300　　B. 300～500　　C. 400～600　　D. 400～600

152. T 形龙骨主龙骨的安装，间距一般为（　　）mm。

A. 500　　　　B. 1 000　　　　C. 1 500　　　　D. 2 000

153. 离墙边第一根主龙骨距离不超过（　　）mm。

A. 100 B. 200 C. 300 D. 400

154. 吊顶高度离楼地面超过（ ）m时，应搭设固定脚手架。

A. 1.2 B. 2.1 C. 3.3 D. 3.6

155. 面层板与基层板的接缝应（ ），并不得在同一根龙骨上接缝。

A. 统一 B. 平列 C. 错开 D. 同一根

156. 对于有企口槽的罩面板，安装时罩面板表面应留有安装缝，缝隙不宜大于（ ）mm。

A. 1 B. 2 C. 3 D. 4

157. 采用湿作业法施工的石材必须进行（ ）、抗碱背涂处理。

A. 抗震 B. 防漏 C. 防冲击 D. 防水

158. （ ）施工时，应将有贯通裂缝的石材剔除。

A. 石材 B. 木材 C. 板材 D. 塑料

159. 石灰膏应用块状生石灰淋制，淋制时必须用孔径不大于（ ）的筛过滤，并储存在沉淀池中。

A. 2 mm×2 mm B. 3 mm×3 mm
C. 4 mm×4 mm D. 5 mm×5 mm

160. 粉煤灰应过0.08 mm方孔筛，筛余量不大于（ ）。

A. 2% B. 3% C. 4% D. 5%

161. 墙顶面涂饰后，质量要求应无明显色差、（ ）、返色。

A. 泛酸 B. 泛碱 C. 泛黄 D. 泛白

162. 水性涂料检测用目测方法，其前提是指在（ ）光线下，人距被测物1.5 m。

A. 自然 B. 人工 C. 天然 D. 人造

163. 检验（ ）性涂料的涂刷质量，应在涂料干燥后才能进行。

A. 水乳 B. 炼乳 C. 水性 D. 溶剂

164. （ ）型涂料的表面渗透性强，特别是对露天的木头，可增加其附着力和表面保护能力；在平滑的表面上油性漆的附着力较好；溶剂型涂料有较鲜艳夺目的光泽。

A. 水乳 B. 炼乳 C. 石灰水 D. 溶剂

165. 目前市场上的墙面漆大多数都采用了水性漆,但用于家具的木器漆仍大量使用( )性漆。

    A. 水乳   B. 炼乳   C. 石灰水   D. 溶剂

166. 涂料分为水性涂料和溶剂性涂料两种,产生污染的主要是( )性涂料。

    A. 水乳   B. 炼乳   C. 石灰水   D. 溶剂

167. 墙面裱糊安装应与顶角线、踢脚线等( )紧密无缝隙。

    A. 拼接   B. 松动   C. 翘曲   D. 裂缝

168. 检测墙面裱糊拼缝( ),应选用的设备是钢直尺。

    A. 宽度   B. 长度   C. 厚度   D. 尺度

169. 软包表面应平整洁净,图案( )、无色差,整体应协调美观。

    A. 裂缝   B. 色差   C. 清晰   D. 翘曲

170. ( )中"软包面料不应有接缝,四周应绷压严密"这一技术要求应采用目测和手感检测方式。

    A. 软包工程   B. 装饰工程   C. 监理工程   D. 设计工程

171. 原始记录测试者一定要把( )测试的条件和环境方法现象状况记录齐全并签字。

    A. 现场   B. 临场   C. 当场   D. 目前

172. 原始记录应由持证( )人员和核验人员分别签名。

    A. 检验   B. 检修   C. 测量   D. 核验

173. 原始数据记录中墙面( )度应选用 mm 作为单位。

    A. 垂直   B. 倾斜   C. 相交   D. 平行

174. ( )是电阻量的计量单位。

    A. Ω   B. MPa   C. kg   D. N/mm^2

175. MPa 为( )的法定计量单位。

    A. 压力   B. 压强   C. 电阻   D. 电流

176. 1 千瓦 =( )焦/秒。

    A. 10   B. 100   C. 1 000   D. 10 000

177. 频率的单位为（　　）。

　　A. N/mm² 　　B. MPa 　　C. kg 　　D. Hz

178. 我们所说的（　　）计量单位名称，均指单位的中文名称。

　　A. 法定 　　B. 非法定 　　C. 内定 　　D. 法律

179. 在 1 s 时间间隔内产生 1 J 能量的功率，即 1 W＝（　　）J/s

　　A. 1 　　B. 2 　　C. 3 　　D. 4

180. 现场检测后，处理检测数据时，应选取最（　　）值的是电气导线间绝缘电阻值。

　　A. 大 　　B. 小 　　C. 中间 　　D. 过度

181. 经检测，某工程墙面砖镶贴分项其余质量均符合要求，但其表面平整度为 3.0 mm，未超过标准允许 2.0 mm 的（　　）倍，故该分项仍为合格。

　　A. 1.0 　　B. 2.0 　　C. 3.0 　　D. 4.0

182. 一面墙抹灰出现 300 mm² 的空鼓是不符合（　　）工程质量要求的。

　　A. 装饰抹灰 　　B. 装饰涂料 　　C. 装饰设计 　　D. 地面

183. 一块地砖空鼓是不符合（　　）质量要求的。

　　A. 地面工程 　　B. 装饰涂料 　　C. 装饰抹灰 　　D. 装饰设计

184. 出现主卧木门反弹情况，可以判定（　　）工程质量不合格。

　　A. 木门窗 　　B. 金属门窗 　　C. 塑料门窗 　　D. PVU 门窗

185. 经检验，铝合金推拉门扇开启力为 100 N 是符合（　　）工程质量要求的。

　　A. 木门窗 　　B. 金属门窗 　　C. 塑料门窗 　　D. PVU 门窗

186. 出现阳台铝合金窗未安装密封条情况，可判定（　　）工程质量不合格。

　　A. 木门窗 　　B. 金属门窗 　　C. 塑料门窗 　　D. PVU 门窗

187. 出现推拉门窗扇未设防脱落措施情况，可判定（　　）工程质量不合格。

　　A. 木门窗 　　B. 金属门窗 　　C. 塑料门窗 　　D. PVU 门窗

188. 经检验，隔墙德立面垂直度允差为 2.0 mm 是符合（　　）工程质量要求的。

　　A. 轻质隔墙 　　B. 饰面板隔墙 　　C. 龙骨隔墙 　　D. 石膏板隔墙

189. 出现隔墙上空洞位置与设计不符，但不影响使用情况，可判定（　　）工程质量不合格。

  A. 轻质隔墙 B. 饰面板隔墙 C. 龙骨隔墙 D. 石膏板隔墙

190. 轻质隔墙工程应对人造木板的（　　）含量进行复验。

  A. 甲醛 B. 砼 C. 甲烷 D. 镁

191. 安装吊杆时当设计对吊杆间距无规定时，一般应小于 1.2 m，吊杆应通直，距主龙骨端部距离不得超过（　　）mm，否则应增设吊点。当吊顶与设备相遇时，应调整吊点构造或增设吊杆。

  A. 100 B. 200 C. 300 D. 400

192. 暗龙骨吊顶工程的质量验收中，石膏板的接缝应按其施工工艺标准进行板缝防裂处理，安装双层石膏板时，（　　）与基层板的接缝应错开，并不得在同一根龙骨上接缝。

  A. 底板 B. 面层板 C. 上板 D. 顶板

193. 出现裱糊工程情况，可判定（　　）工程质量不合格。

  A. 裱糊工程   B. 暗龙骨吊顶

  C. 块状装饰面砖（板） D. 软包工程

194. 饰面砖边角缺损是不符合（　　）工程质量要求的。

  A. 裱糊工程   B. 溶剂性涂料

  C. 块状装饰面砖（板） D. 软包工程

195. 出现（　　）情况，可判定块状装饰面砖（板）工程质量不合格。

  A. 裱糊工程   B. 溶剂性涂料

  C. 块状装饰面砖（板） D. 软包工程

196. 出现使用的涂料没有检测报告的情况，可判定（　　）工程质量不合格。

  A. 裱糊工程 B. 溶剂性涂料 C. 水性涂料 D. 软包工程

197. 溶剂性涂料质量的保证对于普通工程的色漆要求为：(1) 要求与基层黏结牢固、涂饰均匀，不得漏涂、透底、起皮和反锈；(2) 光泽均匀一致，表面光滑、无刷纹，不允许出现裹棱、流坠和破皮，装饰线、分色线直线度允许偏差在（　　）mm 以内。

  A. 1 B. 2 C. 3 D. 4

198. 涂料工程适用于室内外各种水性涂料、乳液型涂料、（　　）、油漆等涂料工程。

A. 溶剂型涂料　　B. 溶解性涂料　　C. 防酸性涂料　　D. 防碱性涂料

199. 裱糊前，混凝土或抹灰基层含水率不得大于（　　）；木材基层的含水率不得大于12%。

　　A. 8%　　　　B. 10%　　　　C. 12%　　　　D. 14%

200. 下列软包工程安装的允许偏差和检验方法皆正确的是（　　）。

项目	允许偏差/mm	验方法
A. 垂直度	4	用 1 m 垂直检测尺检
B. 边框宽度、高度	3	用钢尺检查
C. 对角线长度差	5	用塞尺检查
D. 裁口、线条接缝高低差	5	用钢直尺和塞尺检查

201. 软包工程检查数量应符合下列规定：每个检验批应至少抽查（　　），并不得少于 6 间，不足 6 间时应全数检查。

　　A. 5%　　　　B. 10%　　　　C. 20%　　　　D. 30%

202. 给水设备中高位水箱用于储水和稳定水压，水箱通常用碳素钢板、钢筋混凝土（　　）等材料制成。

　　A. 木板　　　B. 铁板　　　C. 玻璃钢　　　D. 塑料板

203. 建筑给水排水工程包括：建筑给水、建筑消防、建筑排水、热水供应、饮水供应、特殊设施给水排水、给排水局部处理、建筑中水及（　　）。

　　A. 循环水冷却　　B. 循环水加热　　C. 循环水过滤　　D. 循环水消毒

204. 管道敷设形式对一些管件设置的不同要求，排水横支管安装方式有三种：（1）管道悬吊安装于本层楼板下，也叫做"非同层排水"或"楼板下悬吊式排水"；（2）卫生间楼板结构下沉，管道在回填层内敷设，也叫做"同层下沉式排水"；（3）管道安装于本层地面上，也可叫做"同层地面式排水"。一般卫生间排水管道敷设形式选择（　　）。

　　A. 第一种及第二种　　　　B. 第二种及第三种
　　C. 第一种及第三种　　　　D. 三种皆可

205. 测量绝缘电阻时，兆欧表的电压等级，按现行国家标准《电气装置安装工程电气设备交接试验标准》（GB—50150）规定执行错误的是（　　）。

A. 100 V 以下的电气设备或线路，采用 250 V 兆欧表

B. 100～500 V 的电气设备或线路，采用 500 V 兆欧表

C. 500～3 000 V 的电气设备或线路，采用 1 000 V 兆欧表

D. 3 000～10 000 V 的电气设备或线路，采用 2 000 V 兆欧表

206. 普通灯具安装时若吊钩直径小于（　　）mm，吊钩易受意外拉力而变直，发生灯具坠落现象。

　　A. 6　　　　　B. 7　　　　　C. 8　　　　　D. 9

207. 卫浴设备安装后，要全数检验，用目测、手感、泼水、（　　）等方法检验各项均符合要求才为合格。

　　A. 渗漏试验　　B. 凝固试验　　C. 挤压试验　　D. 加压试验

208. 消火栓系统管材应根据设计要求选用，一般采用（　　）或无缝钢管，管材不得有弯曲、锈蚀、重皮及凹凸不平等现象。

　　A. 无缝钢管　　B. 铝合金钢管　　C. 碳素钢管　　D. 铜钢管

209. （　　）有报警阀、作用阀、控制阀、延迟器、水流指示器、水泵结合器等。

　　A. 消防喷洒管材　　　　　　　B. 消火栓系统管材

　　C. 消防喷洒系统　　　　　　　D. 消火栓箱体

210. 报警阀处地面应有排水措施，环境温度不应低于（　　）℃。

　　A. +2　　　　B. +3　　　　C. +4　　　　D. +5

211. 管道连接紧固法兰时，检查法兰端面是否干净，采用（　　）mm 的橡胶垫片。

　　A. 1～3　　　B. 2～5　　　C. 3～5　　　D. 3～6

212. 某工程卫生间地面有排水要求，其坡度经检测为（　　），超过要求的 1.5 倍，故是合格的。

　　A. 2‰　　　B. 3‰　　　C. 4‰　　　D. 5‰

213. （　　）窗帘盒一般先安轨道。

　　A. 明　　　　B. 重　　　　C. 暗　　　　D. 木

三、多项选择题（选择两个以上正确的答案，将相应的字母填入题内的括号中）

1. 出现下列（　　）情况，可以判别卫浴设备安装工程不符合。

A. 坐便器未用膨胀螺栓固定　　　B. 卫生间木门变形

C. 台盆表面严重划伤　　　　　　D. 卫生间墙面镜边角泛锈

E. 浴缸排水管口未密封

2. 出现下列（　　）情况，不构成给水安装工程不符合。

　　A. 新装给水管道为复合管

　　B. 冷热给水管道紧靠排放

　　C. 新装给水管未固定

　　D. 新装铜制给水管加压至 0.6 MPa，稳压 1 h 后，压力降为 0.01 MPa

　　E. 卫生间浴缸给水管渗漏

3. 出现下列（　　）情况，软包工程不合格。

　　A. 1 m 的软包部位测得其垂直度为 4.0 mm

　　B. 图案模糊、色差严重

　　C. 墙面软包安装不牢固

　　D. 拼接处接缝明显

　　E. 软包边框不平整

4. （　　）属于裱糊工程的质量问题。

　　A. 脱层　　　B. 漏贴　　　C. 起皮　　　D. 翘边

　　E. 空鼓

5. （　　）属于溶剂性涂料工程的质量问题。

　　A. 反锈　　　B. 漏涂　　　C. 起皮　　　D. 掉粉

　　E. 透底

6. （　　）属于水性涂料工程的质量问题。

　　A. 透底　　　B. 反锈　　　C. 起皮　　　D. 漏涂

　　E. 泛碱

7. （　　）属于暗龙骨吊顶工程的质量问题。

　　A. 局部饰面板安装松动　　　B. 木龙骨劈裂

　　C. 饰面板边角缺损　　　　　D. 木龙骨只进行防火处理

E. 喷淋头与吊顶饰面板交接严密

8. 明龙骨吊顶工程，验收时应提供下列质量记录：（　　）。

   A. 材料的产品合格证书、性能检测报告、进场验收记录

   B. 隐蔽工程验收记录

   C. 施工记录

   D. 明龙骨吊顶工程检验批质量验收记录

9. （　　）不属于骨架隔墙工程的质量问题。

   A. 安装牢固

   B. 木门开启不灵活

   C. 经检验，骨架隔墙表面平整度允差 3.0 mm

   D. 表面玷污

   E. 填充材料不密实

10. （　　）不属于塑料门窗工程的质量问题。

    A. 安装不牢固

    B. 表面玷污

    C. 经检验，平开塑钢窗扇平铰链的开关力为 100 N

    D. 倒翘

    E. 开启灵活

11. （　　）属于木门窗工程的质量问题。

    A. 表面涂膜剥落　　　　B. 开启不灵活

    C. 窗拉手不全　　　　　D. 采用推拉窗

    E. 安装后，窗开启反弹

12. （　　）属于木门窗工程的质量问题。

    A. 表面不洁净　　B. 反弹　　C. 表面有蛀洞　　D. 色差

    E. 空鼓

13. （　　）是不符合地面工程质量要求的。

    A. 地砖表面平整度经检测为 3.5 mm

B. 地板行走有明显响声

C. 地面大理石空鼓

D. 图案与设计不相符合

E. 墙面垂直度经检测为 5.0 mm

14. （　　）是不符合装饰抹灰工程质量要求的。

A. 抹灰立面垂直度检测为 5.5 mm

B. 墙面抹灰出现爆灰现象

C. 墙面抹灰黏结不牢固，脱落

D. 图案与设计不相符合

E. 抹灰接槎处平顺

15. 标准物质是以特性值的（　　）为其主要特征的，这三个特性也是标准物质的基本要求。

A. 稳定性　　　B. 均匀性　　　C. 准确性　　　D. 固定性

16. 当某实验室测量结果的归一化偏差的绝对值满足时，判该测量结果符合要求或判为测量结果一致，即测量（　　）之差在其扩展不确定度所确定的极限范围以内。

A. 结果　　　B. 约定真值　　　C. 距离　　　D. 价值

17. 简称的两个作用分别为（　　）。

A. 简称可在不至于混淆的场合下，等效于它的全称使用

B. 在初中、小学课本和普通书刊中有必要时，可将单位简称（包括带有词头的单位简称）作为符号使用，这样的符号称为"中文符号"

C. 组合单位的中文名称与其符号表示的顺序一致

D. 乘方形式的单位名称，其顺序应是指数名称在前，单位名称在后

18. 原始记录一般应包括的信息有（　　）。

A. 委托方名称和地址　　　　　B. 被测件的状态

C. 所使用的测试或校准设备　　D. 依据的测试或校准方法

19. 原始状态描述包括（　　）。

A. 检测器具的名称、型号规格、编号

B. 检测时环境条件

C. 检测地点

D. 检验日期

E. 检验人员签名

20. 软包工程的几个允许偏差尺寸中要使用钢直尺的有（　　）。

A. 垂直度　　　B. 边框高、宽度　　C. 平整度　　　D. 翘曲度

E. 裁口、线条接缝高低差

21. 软包工程需检测的几个允许偏差尺寸为（　　）。

A. 垂直度　　　B. 平整度　　　C. 边框高、宽度　　D. 翘曲度

E. 对角线长度差

22. 检测裱糊分项时，将要选用的设备有（　　）。

A. 线坠　　　　　　　　　　B. 钢卷尺

C. 多功能垂直校正器　　　　D. 垂直检测尺

E. 钢直尺

23. 裱糊安装应粘贴牢固，不得有（　　）。

A. 空鼓　　　B. 漏贴　　　C. 补贴　　　D. 翘曲

E. 脱层

24. 检验色漆漆面表面质量，常用到的器具有（　　）。

A. 卷线器　　　B. 2m靠尺　　　C. 直角检测尺　　　D. 塞尺

E. 钢直尺

25. 清漆的涂刷质量中，不允许有（　　）的现象存在。

A. 漏刷　　　B. 透底　　　C. 脱皮　　　D. 斑纹

E. 反锈

26. 涂饰前，基层腻子应（　　）。

A. 平整　　　B. 坚实　　　C. 牢固　　　D. 无粉化

E. 无起皮和裂缝

27. 面砖的表面应光洁、方正、平整，质地坚固，其（　　）图案应均匀一致，必须符

合设计规定。

  A. 品种　　　　B. 规格　　　　C. 尺寸　　　　D. 色泽

28. 罩面板安装必须在顶棚内管道（　　）一切工序全部验收合格后进行。

  A. 试水　　　　B. 试压　　　　C. 保温　　　　D. 防蛀

29. 当饰面材料为玻璃板时，应使用（　　）措施。

  A. 一般 8 mm 玻璃　　　　　B. 安全玻璃

  C. 安装牢固　　　　　　　　D. 安全可靠

  E. 无下坠现象

30. 观察骨架隔墙内填充材料，应（　　）才与标准相符。

  A. 木龙骨防火防腐处理　　　B. 干燥

  C. 填充密实　　　　　　　　D. 均匀

  E. 无下坠

31. 轻质隔墙工程应对（　　）隐蔽工程项目进行检验。

  A. 木龙骨防火防腐处理　　　B. 位置正确

  C. 预埋件或拉结筋　　　　　D. 龙骨安装

  E. 填充材料的设置

32. 检验塑料门窗小五金配件安装质量，应对（　　）进行重点检测。

  A. 配件齐全　　B. 位置正确　　C. 中横框顺直　　D. 固定牢固

  E. 满足使用要求

33. 塑料窗安装时，固定点应距（　　）150～200 mm。

  A. 窗角　　　　B. 窗框　　　　C. 中横框　　　　D. 槽口

  E. 中竖框

34. 检测门窗框的正、侧面垂直度时可以使用（　　）。

  A. 水平尺　　　B. 垂直检测尺　　C. 坡度尺　　　D. 线坠加钢直尺

  E. 钢直尺

35. 金属门窗安装后，开启质量为（　　）。

  A. 顺直　　　　B. 灵活　　　　C. 无阻滞　　　　D. 无倒翘

E. 无反弹

36. 高级卧室及卫生间门扇与地面间留缝限值分别为（　　）mm。
   A. 6~7　　　　B. 5~6　　　　C. 8~12　　　　D. 8~10
   E. 4~7

37. 木门窗小五金配件安装，质量要求是（　　）。
   A. 配件齐全　　B. 安装顺直　　C. 位置适宜　　D. 固定牢固
   E. 表面洁净

38. 检验有地漏处的地砖镶贴是否满足排水要求，通常使用（　　）。
   A. 坡度尺
   B. 2 m靠尺加塞尺
   C. 直角检测尺
   D. 目测
   E. 泼水试验

39. 地面镶贴的表面质量要求是（　　）。
   A. 平整干净　　B. 缝隙均匀　　C. 周边顺直　　D. 无漏贴
   E. 无错贴

40. 高级抹灰和普通抹灰垂直度的允许尺寸偏差分别是（　　）mm。
   A. 2　2　　　B. 3　4　　　C. 4　5　　　D. 5　5
   E. 4　4

41. 抹灰前基层表面的处理工作内容是（　　）。
   A. 清除基层表面的尘土
   B. 清除基层表面的污垢
   C. 清除基层表面的油渍
   D. 洒水润湿
   E. 涂刷防水层

42. 装洗物柜底板下水孔处要加塑料圆垫，下水管连接处应保证（　　），不得使用各类胶粘剂连接接口部分。
   A. 不漏水　　B. 不渗水　　C. 不连接　　D. 不生锈

43. 以下属于"厨房设备安装工艺流程"的是（　　）。
   A. 安装产品检验　B. 安装吊柜　　C. 安装底柜　　D. 接通调试给、排水

44. 在埋地塑料排水管道工程施工中，监理工程师只有严格要求施工单位按（　　）等

要求进行施工，才能确保工程质量合格。

　　A. 图纸设计要求　B. 施工工序　　C. 施工规范　　D. 验收规定

45. 管材与管件连接端面应去除毛边和毛刺，必须（　　）。

　　A. 清洁　　　　B. 干燥　　　　C. 无油　　　　D. 光滑

46. 以下属于"管路改造工程的施工工艺"流程的是（　　）。

　　A. 穿管孔洞的预先开凿　　　　B. 水管量尺下料

　　C. 管口套丝　　　　　　　　　D. 管路支托架安装预埋件的预埋

47. 以下属于卫浴洁具安装工艺流程的是（　　）。

　　A. 铺设地砖　　　　　　　　　B. 安装连接给排水管

　　C. 打孔　　　　　　　　　　　D. 抹上油灰

48. 在坐便器安装前应先对排污管道进行全面检查，看管道内是否有（　　）等杂物堵塞，同时检查坐便器安装位的地面前后左右是否水平，如发现地面不平，在安装坐便器时应将地面调平。

　　A. 泥沙　　　　B. 废纸　　　　C. 污水　　　　D. 胶粘剂

49. 如洗涤盆（　　）是镀铬产品，在安装时不得损坏镀层。

　　A. 存水弯　　　B. 水龙头　　　C. 洗涤盆　　　D. 排水口

50. 装下水口时，将下水口里外加胶垫，穿过磁盆下水孔眼，装入下水三通的上口，检查下水口与磁盆接触是否严密，如有松动现象，可将下水口锯掉一节，合适后将下水口圆盘下加1mm厚胶垫，抹油灰，外面加（　　），用叉扳子卡在下水口里突出的筋上，装入下水三通的中口，使其溢水口对准磁盆溢水眼。

　　A. 胶垫　　　　B. 眼圈　　　　C. 喷嘴　　　　D. 胶水

51. 以下属于"安装淋浴器的工艺流程"的是（　　）。

　　A. 缠少量麻绳　　　　　　　　B. 进水口丝头地方抹铅油

　　C. 圆盘上的螺丝眼找平　　　　D. 淋浴器对准铜进水口

52. 以下属于"安装浴盆的工艺流程"的是（　　）。

　　A. 下水安装　　B. 油灰封闭严密　C. 上水安装　　D. 试平找正

53. 洗脸盆一般开有三种孔，即（　　）。

A. 进水孔　　　B. 防溢孔　　　C. 排水孔　　　D. 开水孔

54. 坐便器的安装工艺流程里，在坐便器排污口上安装好专用密封圈，或在排污管四周打上一圈（　　），水泥与砂的比例为1∶3。

A. 玻璃胶　　　B. 水泥砂浆　　C. 胶粘剂　　　D. 水泥

55. 卫生间及厨房装矮脚灯头时，宜采用瓷螺口矮脚灯头。螺口灯头的（　　）应接在中心触点端子上，零线接在螺纹端子上。

A. 零线　　　B. 地线　　　C. 相线　　　D. 接线

56. 电路改造工艺流程为（　　）。

A. 草拟布线图

B. 划线

C. 开槽

D. 埋设暗盒及敷设PVC电线管

E. 穿线

F. 安装开关，面板，各种插座，强弱电箱和灯具

G. 检查

H. 完成电路布线图，提交公司备案

57. 藻井式吊顶电工安装1天，（　　）2天，工艺等待时间2天。

A. 涂刷　　　B. 裱糊　　　C. 安装　　　D. 抹平

58. 木格栅吊顶是家庭装修（　　）及有较大顶梁等空间经常使用的方法。

A. 走廊　　　B. 玄关　　　C. 餐厅　　　D. 卧室

59. 骨架的结构主要包括（　　）和搁栅、次搁栅、小搁机所形成的网架体系。

A. 主龙骨　　B. 次龙骨　　C. 木块　　　D. 龙骨

60. 骨架的结构主要包括（　　）所形成的网架体系。

A. 主龙骨　　B. 次龙骨和搁栅　　C. 次搁栅　　D. 小搁机

61. 涂刷乳胶漆时应均匀，不能有（　　）等现象。涂刷一遍，打磨一遍。一般应两遍以上。

A. 漏刷　　　B. 流附　　　C. 均匀　　　D. 外溢

62. 以下属于"木材油漆主要施工工艺流程"的是（　　）。
    A. 磨砂纸打光　　　　　　　　B. 上润泊粉
    C. 打磨砂纸　　　　　　　　　D. 满刮第一遍腻子，砂纸磨光

63. 在玻璃上钻孔，用镀铬螺钉、铜螺钉把玻璃固定在（　　）上。
    A. 木骨架　　B. 衬板　　C. 玻璃饰面　　D. 铁骨架

64. 玻璃砖分隔墙（　　）应用金属型材，其槽口宽度应大于砖厚度10～18 mm以上。
    A. 顶部　　B. 两端　　C. 中部　　D. 底部

65. 以下属于"木龙骨隔断墙的施工工艺"的是（　　）。
    A. 安装沿地　　B. 沿顶术楞　　C. 抹底子灰　　D. 粘贴标准点

66. 贴面类装饰的注意事项包括（　　）。
    A. 基层必须清理干净，不得有浮土、浮灰。旧墙面要将原灰浆表层清净
    B. 瓷砖必须浸泡后阴干。因为干燥板铺贴后，砂浆水分会很快被板块吸走，造成水泥砂浆脱水，影响其凝结硬化，发生空鼓、起壳等问题
    C. 青石板吸水率高，粘贴前要用水浸透
    D. 家庭装饰中局部使用小规格石材和人造石材均可参照釉面砖粘贴方法

67. 家庭装饰中局部使用小规格（　　）均可参照釉面砖粘贴方法。
    A. 石材　　B. 人造石材　　C. 人造木材　　D. 人造塑料

68. 木墙裙施工应在基层表面（　　）的条件下施工。
    A. 干燥　　B. 坚强　　C. 平整　　D. 光滑

69. 基层处理时，必须清理（　　），防潮涂料应涂刷均匀，不宜太厚。
    A. 干净　　B. 平整　　C. 光滑　　D. 均匀

70. 弹垂（　　），是保证墙纸、墙布横平竖直、图案正确的依据。
    A. 斜线　　B. 直线　　C. 水平线　　D. 垂直线

71. 木基层应（　　）。接缝、钉眼用腻子补平。满刮腻子，打磨平整。
    A. 刨平　　B. 无毛刺　　C. 戗茬　　D. 无外露钉头

72. 预埋件检查和处理时，找线后检查固定窗帘盒（杆）的预埋固定件的（　　）是否能满足安装固定的要求，对于标高、平度、中心位置、出墙距离有误差的应采取措施进行

处理。

A. 位置　　　B. 规格　　　C. 预埋方式　　　D. 预埋时间

73. 活动式暖气罩应视为家具制作，根据散热片的（　），按长度大于 100 mm、高度大于 50 mm、宽度大于 15 mm 的尺寸即可。

A. 长　　　B. 宽　　　C. 高　　　D. 厚薄

74. 木门窗在安装前应先进行检验，除检验其材质等是否符合要求外，还应重点检验门窗扇的（　）与图纸尺寸是否一致，与框套是否匹配，开启方向是否与要求相符，构造是否合理，安装合页的洞口预埋件是否准确、牢固，门窗扇与框的合页位置是否一致，门扇与门框的锁具开口是否吻合，安装插销、门吸的位置是否准确。

A. 长　　　B. 宽　　　C. 高　　　D. 厚

75. 木门窗主要可分为（　）两大类。

A. 平开门窗　　B. 推拉门窗　　C. 斜开门窗　　D. 竖开门窗

76. 水泥砂浆抹灰施工要点包括（　）。

A. 抹灰前必须制作好标准灰饼

B. 冲筋也是保证抹灰质量的重要环节，是大面积抹灰时重要的控制标志

C. 阴阳角找方也是直接关系到后续装修工程质量的重要工序

D. 对墙体四角进行规方

77. 以下属于是水泥砂浆抹灰的基本工艺的是（　）。

A. 找规矩　　　　　　　　　B. 对墙体四角进行规方

C. 横线找平，竖线吊直　　　D. 制作标准灰饼、冲筋

78. 地毯铺装对基层地面的要求较高，地面必须（　），含水率不得大于 8%，并已安装好踢脚板，踢脚板下沿至地面间隙应比地毯厚度大 2～3 mm。

A. 平整　　　B. 洁净　　　C. 防滑　　　D. 干爽

79. 铝合金倒刺条用于地毯端头露明处，起（　）作用。

A. 固定　　　B. 收头　　　C. 压平　　　D. 理顺

80. 地毯地面装饰基本工艺是（　）。

A. 固定式铺设　　B. 活动式铺设　　C. 卡条式固定　　D. 粘接法固定

81. 基层应达到表面（　　），手摸无粗糙感，不符合要求的，应先处理地面。
   A. 不起砂　　B. 不起皮　　C. 不起灰　　D. 不空鼓
   E. 无油渍

82. （　　）的过程属于半硬质塑料地板块铺装。
   A. 塑料地板脱脂除蜡　　　　　B. 预铺
   C. 刮胶　　　　　　　　　　　D. 粘巾

83. 木地板施工注意事项包括（　　）。
   A. 木地板粘贴式铺贴要确保水泥砂浆地面不起砂、不空裂，基层必须清理干净
   B. 基层不平整应用水泥砂浆找平后再铺贴木地板
   C. 基层含水率不大于15%。粘贴木地板涂胶时，要薄且均匀
   D. 相临两块木地板高差不超过1 mm

84. 铺装木地板的龙骨应使用（　　）等不易变形的树种，木龙骨、踢脚板背面均应进行防腐处理。
   A. 松木　　B. 杉木　　C. 红木　　D. 龙骨木

85. （　　）是实铺法施工工艺的施工工艺步骤。
   A. 基层清理　　　　　　　　　B. 钻孔安装预埋件
   C. 地面防潮、防水处理　　　　D. 安装木龙骨

86. 架空式木地板在地面先砌地垄墙，然后安装（　　）。因家庭居室高度较低，这种架空式木地板很少在家庭装饰中使用。
   A. 木搁栅　　B. 毛地板　　C. 面层地板　　D. 实木地板

87. 铺贴陶瓷地面砖的注意事项包括：（　　）。
   A. 铺贴前将板材进行试拼，对花、对色、编号，以使铺设出的地面花色一致
   B. 石材必须浸水阴干，以免影响其凝结硬化，发生空鼓、起壳等问题
   C. 铺贴完成后，2～3天内不得上人
   D. 铺贴完2～3 h后，用白水泥擦缝

88. 铺贴陶瓷地砖的施工要点包括（　　）。
   A. 混凝土地面应将基层凿毛，凿毛深度5～10 mm，凿毛痕的间距为30 mm左右。

之后，清净浮灰，砂浆、油渍，产散水刷少将地面

B. 铺贴前应弹好线，在地面弹出与门道口成直角的基准线，弹线应从门口开始，以保证进口处为整砖，非整砖置于阴角或家具下面，弹线应弹出纵横定位控制线

C. 铺贴陶瓷地面砖前，应先将陶瓷地面砖浸泡阴干

D. 铺贴时，水泥砂浆应饱满地抹在陶瓷地面砖背面，铺贴后用橡皮棰敲实；同时，用水平尺检查校正，擦净表面水泥砂浆

E. 铺贴完2～3 h后，用白水泥擦缝，用水泥、沙子体积比例为1∶1的水泥砂浆，缝要填充密实，平整光滑，再用棉丝将表面擦净。

89. 下列铺贴陶瓷地面砖基本工艺流程中常用的是（　　）。
    A. 处理基层→弹线→瓷砖浸水湿润→摊铺水泥砂浆→安装标准块→铺贴地面砖→勾缝→清洁→养护
    B. 处理基层→弹线、标筋→摊铺水泥砂浆→铺贴→拍实→洒水、揭纸→拨缝、灌缝→清洁→养护
    C. 处理基层→弹线→摊铺水泥→铺贴→拍实→洒水、揭纸→拨缝、灌缝→清洁→养护
    D. 弹线、标筋→摊铺水泥砂浆→铺贴→拍实→洒水、揭纸→拨缝、灌缝→清洁→养护

90. 铺贴前将板材进行（　　），以使铺设出的地面花色一致。
    A. 试拼　　　　B. 对花　　　　C. 对色　　　　D. 编号

91. 铺装（　　）时必须安放标准块，标准块应安放在十字线交点，对角安装。
    A. 木地板　　　B. 石材　　　　C. 瓷质砖　　　D. 地毯

92. 以下不属于石材地面装饰基本工艺流程的是（　　）。
    A. 凿平和修补基层地面　　　　B. 水泥砂浆找平
    C. 定标高、弹线　　　　　　　D. 受热后再冷却

93. 石材地面装饰构造注意事项包括（　　）。
    A. 铺贴前将板材进行试拼，对花、对色、编号，以入铺设出的地面花色一致

B. 石材必须浸水阴干，以免影响其凝结硬化，发生空鼓、起壳等问题

C. 铺贴完成后，2~3天内不得上人

D. 铺装操作时要每行依次挂线，石材必须浸水湿润，阴干后擦净背面

94. 建筑防水工程除（　　）之外，室内防水工程就显得尤为重要。

    A. 地下室防水　　B. 地面防潮工程　　C. 屋面防水　　D. 室内防水

95. 管线敷设常见的缺陷有（　　）。

    A. 电线管2根或2根以上并排紧贴，埋墙深度太浅，甚至埋在墙体外的粉层中

    B. 接口不严密，有渗漏水现象

    C. 进入箱盒的管口不平整、长短不一

    D. 管煨弯处有扁、凹、裂现象

96. 玻璃幕墙验收时应提交的资料包括（　　）。

    A. 设计图纸、文件、设计修改和材料代用文件

    B. 材料出厂质量证书、结构硅酮密封胶相容性试验报告及幕墙物理性能检验报告

    C. 预制构件出厂质量证书

    D. 隐蔽工程验收文件

    E. 施工安装自检记录

97. 裱糊前，基层处理质量应达到要求包括（　　）。

    A. 新建筑物的混凝土或抹灰基层墙面在刮腻子前应涂刷抗碱封闭底漆

    B. 旧墙面在裱糊前应清除疏松的旧装修层，并涂刷界面剂

    C. 混凝土或抹灰基层含水率不得大于8%；木材基层的含水率不得大于12%

    D. 基层腻子应平整、坚实、牢固，无粉化、起皮和裂缝；腻子的黏结强度应符合《建筑室内用腻子》（JG/T3049）N型的规定

    E. 基层表面颜色应一致

    F. 裱糊前应用封闭底胶涂刷基层

98. 饰面砖粘贴工程的（　　）及施工方法应符合设计要求及国家现行产品标准和工程技术标准的规定。

    A. 找平　　　B. 防水　　　C. 黏结　　　D. 勾缝材料

99. 混凝土或抹灰基层有（　　）等污物未处理干净，喷浆后浆膜会覆盖不住底色，底色返到面层，或咬掉浆膜本身的颜色。

　　A. 沥青油迹　　　B. 油漆印　　　C. 色粉笔印　　　D. 烟熏油迹

100. 吊顶材料中饰面板的要求有（　　）。

　　A. 边缘材料整齐　　　　　　B. 颜色应一致

　　C. 脱胶　　　　　　　　　　D. 变色

101. 隔墙板材的品种、规格、性能、颜色应符合设计要求。有（　　）等特殊要求的工程，板材应有相应性能等级的检测报告。

　　A. 隔声　　　B. 隔热　　　C. 阻燃　　　D. 防潮

102. 门窗框变形的治理方法包括（　　）。

　　A. 门窗框拼装好后发生变形，对弓形反翘、边弯的木材可烘烤凸面使其平直

　　B. 将变形严重的框料取下，重新换上好料

　　C. 门窗扇立面不在同一个平面内

　　D. 门窗扇安装后关不平，插销插不进销孔内

103. 水泥地面质量通病包括（　　）。

　　A. 地面起砂　　　　　　　B. 地面空鼓

　　C. 带坡度地面倒泛水　　　D. 浴厕间地面渗漏滴水

　　E. 水泥踢脚板空鼓

104. 目前室内外抹灰普遍存在阴阳角不垂直方正，（　　）等质量问题。

　　A. 开裂　　　B. 空鼓　　　C. 脱壳　　　D. 罩面灰粗糙

　　E. 起泡　　　F. 外墙面污染

105. 抽样方案是指为实施抽样而制定的一组策划，包括（　　）等。

　　A. 抽样方法　　B. 抽样数量　　C. 样本判断准则　　D. 抽样类别

106. 原始记录的管理规定（　　）。

　　A. 原始记录是技术档案的一部分，格式要规范化

　　B. 校核人应真正起到校核的作用，应明确校核工作的范围

　　C. 原始记录不得随意涂改、删减或用纸剪贴

D. 原始记录中检测数据的有效位数，应与相应的标准、规程规定的精度相适应

E. 原始记录应安全储存、妥善保管并为客户保密

F. 实验室负责人应定期检查原始记录填写和保管情况，发现问题及时处理

107. 室内装饰装修工程空气质量的检验检测范围包括（　　）等类别产品及其有害物质、有害成分的检验。

  A. 建筑涂料 B. 建筑胶粘剂 C. 防水材料 D. 保温材料

  E. 建筑玻璃 F. 玻璃钢制品 G. 建筑陶瓷 H. 新型建材材料

108. 智能建筑工程质量验收应包括（　　）。

  A. 工程实施 B. 质量控制 C. 系统检测 D. 竣工验收

109. 绝缘电阻表要定期送授权计量机构（　　）。

  A. 检验 B. 检修 C. 检定 D. 检测

110. 用工程试压泵进行给水管是否渗漏测试时，前期准备有（　　）。

  A. 给水管道应全部安装完毕

  B. 所有的阀门（包括总给水阀门）或龙头应处于完全关闭状态

  C. 被测管道应畅通

  D. 管件及其连接处，确定其不渗漏

  E. 适时进行管内排气

111. 工程检测尺主要用来检测室内装饰装修构件的（　　）。

  A. 平直度 B. 水平度 C. 垂直度 D. 坡度

  E. 平整度

112. 卷线器必须与钢直尺一起使用，可以用来检测装饰装修构件平直度，如（　　）。

  A. 木地板接缝 B. 墙地砖接缝

  C. 踢脚线上口 D. 木制墙饰板上口

  E. 龙骨平直

113. 漏电保护开关安全检测器通常用于（　　）。

  A. 漏电保护试验 B. 绝缘电阻检测

  C. 单相三孔插座接线是否正确 D. 电压检测

E. 电流检测

114. 家用电器安全性能的简易测试方法有（　　）。
    A. 绝缘电阻测试　　　　　　　B. 泄漏电流测试
    C. 绝缘电气强度试验　　　　　D. 测量电机对地绝缘电阻

115. 检测木门套正侧面垂直度，通常使用（　　）。
    A. 塞尺　　　　　　　　　　　B. 工程检测尺
    C. 工程检测尺和塞尺　　　　　D. 水平尺
    E. 线坠加钢直尺

116. 涂刷清油时，手握油刷要轻松自然，手指轻轻用力，以移动时（　　）为准。
    A. 不松动　　B. 不掉刷　　C. 不掉毛　　D. 不掉色

第4部分

操作技能复习题

检验前的准备

一、《中华人民共和国产品质量法》适用范围不包括建设工程，那么作为建设工程中的室内装饰装修项目是否也不适用该法，为什么？（试题代码[①]：1.1.1；考核时间：30 min）

答：

二、简述在室内装饰装修的过程中应如何贯彻《中华人民共和国产品计量法》和法定计量单位。（试题代码：1.1.2；考核时间：30 min）

答：

[①] 试题代码表示该试题在操作技能考核方案表格中的所属位置。左起第一位表示项目号，第二位表示单元号，第三位表示在该项目、单元下的第几个试题。

三、室内装饰装修施工合同中需具备哪些技术资料？如果必须变更这些资料，需怎样进行？（试题代码：1.1.3；考核时间：30 min）

答：

四、全装修房的施工质量验收应采用什么标准（规范），为什么？（试题代码：1.1.4；考核时间：30 min）

答：

五、能单独使用《建筑工程施工质量验收统一标准》（GB 50300—2001）对室内装饰装修项目进行验收吗？为什么？（试题代码：1.1.5；考核时间：30 min）

答：

六、《建筑电气工程施工质量验收规范》（GB 50303—2002）规定了哪些主要内容？（试题代码：1.1.7；考核时间：30 min）

答：

七、验收卫浴设施质量的技术要求应依据什么标准（规范）？写出该标准（规范）的主要验收内容。（试题代码：1.1.8；考核时间：30 min）

答：

八、室内装饰装修项目中，涉及通风与空调项目安装质量的验收、查验的资料有哪些？（试题代码：1.1.9；考核时间：30 min）

答：

九、新建住宅全装修工程智能分项中，家庭报警、家庭紧急求助等设施的施工、安装质量检验应依据什么标准（规范）？（试题代码：1.1.10；考核时间：30 min）

答：

十、《民用建筑室内环境污染控制规范》的适用对象是哪些？如何分类？（试题代码：1.1.11；考核时间：30 min）

答：

十一、《住宅装饰装修工程施工规范》对装饰装修材料有哪些基本规定？（试题代码：1.1.12；考核时间：30 min）

答：

十二、简述民用建筑的基本构造组成及其各组成部分的作用。(试题代码：1.1.13；考核时间：30 min)

答：

十三、简述民用建筑的结构分类。(试题代码：1.1.14；考核时间：30 min)

答：

十四、结构施工图通常包括哪些部分？(试题代码：1.1.15；考核时间：30 min)

答：

十五、简述室内排水系统的组成。(试题代码：1.1.16；考核时间：30 min)

答：

十六、简述室内采（供）暖系统中对散热器的要求。(试题代码：1.1.17；考核时间：30 min)

答：

十七、室内通风与空调系统有哪些组成部分？(试题代码：1.1.18；考核时间：30 min)

答：

十八、住宅智能化主要由哪三部分组成？简述该三部分的各自组成系统。（试题代码：1.1.19；考核时间：30 min）

答：

十九、室内装饰装修施工的范围指哪些？（试题代码：1.1.20；考核时间：30 min）

答：

二十、简述墙面石材干挂法的主要施工工艺程序。（试题代码：1.1.21；考核时间：30 min)

答：

二十一、空气净化设备主要包括哪些？（试题代码：1.1.22；考核时间：30 min）
答：

二十二、简述木门窗套制作安装的质量要求。（试题代码：1.1.23；考核时间：30 min）
答：

二十三、简述室内强电系统配线的技术要求。（试题代码：1.1.24；考核时间：30 min）
答：

二十四、室内装修后环境中空气的主要污染物及限量标准是什么？（试题代码：1.1.25；考核时间：30 min）

答：

二十五、简述室内装饰装修后，室内环境中空气污染物甲醛的来源及危害。（试题代码：1.1.26；考核时间：30 min）

答：

二十六、简述室内装饰装修后，室内环境中空气污染物苯的来源及危害。（试题代码：1.1.27；考核时间：30 min）

答：

二十七、简述室内装饰装修后，室内环境中空气污染物 TVOC 的来源及危害。（试题代码：1.1.28；考核时间：30 min）

答：

二十八、简述室内装饰装修后，室内环境中空气污染物氡的来源及危害。（试题代码：1.1.29；考核时间：30 min）

答：

二十九、简述室内装饰装修后，室内环境中空气污染物氨的来源及危害。（试题代码：1.1.30；考核时间：30 min）

答：

检验、控制

一、室内采暖系统安装子分部检验（试题代码：2.1.1；考核时间：60 min）

1. 试题单

（1）操作条件

1) 本系统采用热水采暖。

2) 系统安装已完毕。

（2）操作内容

1) 检验。

2) 质量判定。

（3）操作要求

1) 写出需查验的资料。

2) 写出管道及配件安装的技术要求和检验方法。

3) 写出辅助设备及散热器安装的技术要求和检验方法。

4) 写出低温热水地板辐射采暖系统安装的技术要求和检验方法。

5) 写出系统水压试验及调试检验的技术要求和检验方法。

6) 写出子分部质量结论判定的原则。

2. 答题卷

（1）写出需查验的资料。

答案：

（2）写出管道及配件安装的技术要求和检验方法。

答案：

（3）写出辅助设备及散热器安装的技术要求和检验方法。

答案：

（4）写出低温热水地板辐射采暖系统安装的技术要求和检验方法。

答案：

(5) 写出系统水压试验及调试检验的技术要求和检验方法。

答案：

(6) 写出子分部质量结论判定的原则。

答案：

二、室内风管系统安装子分部的质量检验（试题代码：2.1.3；考核时间：60 min）

1. 试题单

(1) 操作条件

系统安装已完毕。

(2) 操作内容

1) 检验。

2) 质量判定。

(3) 操作要求

1) 写出需查验的资料。

2）写出以下主要检验项目的内容（包括检验方法和标准要求）：

①风管系统安装强制性项目。

②风管系统严密性检验。

③风管支、吊架的安装。

④非金属风管安装。

⑤风口安装。

3）写出质量判定的原则。

2. 答题卷

（1）写出需查验的资料。

答案：

（2）写出以下主要检验项目的内容（包括检验方法和标准要求）。

答案：

1）风管系统安装强制性项目。

2）风管系统严密性检验。

3）风管支、吊架的安装。

4）非金属风管安装。

5）风口安装。

(3) 写出质量判定的原则。

答案：

三、室内装饰装修工程中门窗套安装、轻钢龙骨纸面石膏板隔墙以及涂装分项的检验（试题代码：2.1.4；考核时间：60 min）

1. 试题单

(1) 操作条件

门窗套安装、轻钢龙骨纸面石膏板隔墙以及涂装分项施工已完毕。

(2) 操作内容

1) 检验。

2) 质量判定。

(3) 操作要求

1) 写出各分项检验的技术要求、检验方法和合格判定原则。

2) 写出三个分项的综合判定原则。

2. 答题卷

(1) 写出各分项检验的技术要求、检验方法和合格判定原则。

答案：

(2) 写出三个分项的综合判定原则。

答案：

四、室内空气环境检测和采样（试题代码：2.1.5；考核时间：60 min）

1. 试题单

(1) 操作条件

1) 待测住宅室内面积约 150 m^2，为三室二厅二卫。

2) 室内装饰装修工程已完毕。

3) 假定检测或采样设备已给出（无需再准备）。

(2) 操作内容

1) 采样。

2) 检测。

(3) 操作要求

按照以下的三个方面，写出对该住宅室内空气环境质量进行检测或采样前，需要哪些准备（要求）？

1) 检测或采样前的时间要求。

2) 检测或采样点设置。

3) 检测或采样设备、主要资料要求。

2. 答题卷

按照以下的三个方面，写出对该住宅室内空气环境质量进行检测或采样前，需要哪些准备（要求）？

(1) 检测或采样前的时间要求。

(2) 检测或采样点设置。

(3) 检测或采样设备、主要资料要求。

答案：

五、瓷砖铺贴质量通病分析（试题代码：2.2.1；考核时间：60 min）

1. 试题单

（1）背景资料

某装饰装修工程瓷砖铺贴分项在质量检验时发现以下质量问题：

1）瓷砖开裂、起鼓、脱落。

2）分格缝宽度不一，缝口高低不平，缝隙未横平竖直，平整度超标，阴阳角不顺直、方正，有小于半块的瓷砖。

3）瓷砖表面有污染，颜色不一。

（2）试题要求

请分析产生以上质量问题的技术原因。

2. 答题卷

（1）分析瓷砖开裂、起鼓、脱落的产生原因。

答案：

(2) 分析瓷砖分格缝宽度不一,缝口高低不平,缝隙未横平竖直,平整度超标,阴阳角不顺直、方正,有小于半块的瓷砖的产生原因。

答案:

(3) 分析瓷砖表面有污染,颜色不一的产生原因。

答案:

六、建筑涂料滚涂施工质量通病分析（试题代码:2.2.2；考核时间:60 min）

1. 试题单

(1) 背景资料

某装饰装修工程在竣工验收时发现涂装工程存在以下质量问题:

1) 颜色不匀。
2) 花纹不均匀,有明显接槎。
3) 流坠。
4) 起皮。

(2) 试题要求

请分析产生以上质量问题的技术原因。

2. 答题卷

(1) 分析颜色不匀的产生原因。

答案：

(2) 分析花纹不均匀，有明显接槎的产生原因。

答案：

(3) 分析流坠的产生原因。

答案：

（4）分析起皮的产生原因。

答案：

七、暗龙骨吊顶安装质量通病分析（试题代码：2.2.4；考核时间：60 min）

1. 试题单

（1）背景资料

某装饰装修工程暗龙骨吊顶分项在工程阶段验收时存在以下质量问题：

1）纸面石膏板面层自攻螺钉边缘破裂、固定不牢、板材开裂、嵌缝不密实、纸带黏结不牢。

2）清饰罩面板空鼓、脱落。

3）清饰罩面板颜色不一，木纹纹理杂乱，表面不光滑平整，板面翘曲开裂。

（2）操作要求

请分析产生以上质量问题的技术原因。

2. 答题卷

（1）分析纸面石膏板面层自攻螺钉边缘破裂、固定不牢、板材开裂、嵌缝不密实、纸带黏结不牢的产生原因。

答案：

(2) 分析清饰罩面板空鼓、脱落的产生原因。

答案：

(3) 分析清饰罩面板颜色不一、木纹纹理杂乱、表面不光滑平整、板面翘曲开裂的产生原因。

答案：

八、木地板安装质量通病分析（试题代码：2.2.5；考核时间：60 min）

1. 试题单

(1) 背景资料

某装饰装修工程木地板安装分项在质量检验时发现以下问题：（木地板铺设方式：地搁栅、毛地板、免漆实木地板）

1) 踏时有响声。

2) 表面不平整，接缝高低超标。

3) 部分地板起鼓。

（2）操作要求

请分析产生以上质量问题的技术原因。

2. 答题卷

（1）分析地板踩踏时有响声的产生原因。

答案：

（2）分析地板表面不平整、接缝高低超标的产生原因。

答案：

（3）分析地板部分地板起鼓的产生原因。

答案：

培训、指导

一、室内装饰装修工程中厨房的检验内容（试题代码：3.1.1；考核时间：30 min）

1. 试题单

（1）操作条件

室内装饰装修工程中厨房内装饰装修的施工内容有：吊顶，料理台柜，墙地面镶贴以及水、电、洁具设备安装。

（2）操作内容

写出室内装饰装修中厨房的检验内容。

（3）操作要求

写出室内装饰装修工程中厨房内装饰装修的主要检验内容。

2. 答题卷

写出室内装饰装修工程中厨房内装饰装修的主要检验内容。

答案：

二、室内装饰装修工程中卫生间的检验内容（试题代码：3.1.2；考核时间：30 min）

1. 试题单

（1）操作条件

卫生间内装饰装修的施工内容有：吊顶，三大件（浴缸、坐便器和台盆），墙地面镶贴以及水、电、洁具设备安装。

(2) 操作内容

写出室内装饰装修工程中卫生间的检验内容。

(3) 操作要求

写出室内装饰装修工程中卫生间的主要检验内容。

2. 答题卷

写出室内装饰装修工程中卫生间的主要检验内容。

答案：

三、室内墙面涂料涂刷的施工程序及检验（试题代码：3.1.3；考核时间：30 min）

1. 试题单

(1) 操作条件

室内墙面涂料为水性涂料，等级要求为普通。

(2) 操作内容

写出室内墙面涂料涂刷的施工程序及检验技术要求。

(3) 操作要求

1) 写出主要施工流程。

2) 写出检验主要技术要求。

2. 答题卷

(1) 写出主要施工流程。

答案：

（2）写出检验主要技术要求。
答案：

四、住宅室内装饰装修项目检验内容（试题代码：3.1.4；考核时间：30 min）

1. 试题单

（1）操作条件

住宅室内装饰装修的施工内容有：给排水、电气、镶贴、木制品、地板、门窗、吊顶、涂装、卫浴设备安装等分项。

（2）操作内容

写出住宅室内装饰装修现场检验包括哪几个阶段和各阶段的内容。

（3）操作要求

1）写出住宅室内装饰装修现场检验包括哪几个阶段。

2）写出住宅室内装饰装修现场检验各阶段的内容。

2. 答题卷

（1）写出住宅室内装饰装修现场检验包括哪几个阶段。

答案：

(2) 写出住宅室内装饰装修现场检验各阶段的内容。

答案：

五、比较垂直检测尺、线坠＋钢直尺两种检验方法的优缺点（试题代码：3.1.6；考核时间：30 min）

1. 试题单

(1) 操作条件

1) 墙面镶贴为 200 mm×300 mm 的瓷砖。

2) 墙面镶贴为满贴。

(2) 操作内容

比较垂直检测尺、线坠＋钢直尺两种检验方法。

(3) 操作要求

写出垂直检测尺、线坠＋钢直尺这两种方法检测墙面镶贴垂直度时的优缺点。

2. 答题卷

写出垂直检测尺、线坠＋钢直尺这两种方法检测墙面镶贴垂直度时的优缺点。

答案：

六、检测室内木地板平整度（试题代码：3.1.7；考核时间：30 min）

1. 试题单

（1）操作条件

室内木地板为素板实木地板，检测时，木地板已安装、打磨完毕，但尚未油漆。

（2）操作内容

简述检测室内木地板平整度时怎样设置检测点。

（3）操作要求

1）作图说明，标明检测点位置。

2）所设置的检测点位置应为最优位置。

2. 答题卷

作图说明，标明检测点位置。

答案：

七、室内空气环境质量采样、检测（试题代码：3.1.8；考核时间：30 min）

1. 试题单

（1）操作条件

某一室内装饰装修工程项目已经竣工，业主方家具等尚未搬入，尚未入住。

(2) 操作内容

室内空气环境质量检测是指游离甲醛、苯、氨、氡及总挥发性有机物的检测。

(3) 操作要求

简述在满足什么样的时间条件下,才能进行民用建筑室内装修工程的室内空气环境质量采样或检测。

2. 答题卷

简述在满足什么样的时间条件下,才能进行民用建筑室内装修工程的室内空气环境质量采样或检测。

答案:

八、检测卫生间地面坡度(试题代码:3.1.9;考核时间:30 min)

1. 试题单

(1) 操作条件

1) 卫生间平面为长方形,仅有一处地漏,布置在卫生间任意一边角处(不考虑进门位置)。

2) 卫生间地面为地砖。

(2) 操作内容

1) 简述检测卫生间地面排水坡度时,怎样设置检测点。

2) 写出卫生间地面排水坡度应满足什么条件才算合格。

(3) 操作要求

1) 作图说明。

2) 设置合理检测点位置。

2. 答题卷

作图说明。

答案：

九、工程质量判定（试题代码：3.1.10；考核时间：30 min）

1. 试题单

（1）操作条件

现有一住宅室内装饰装修工程，经过某室内装饰装修质量检验员的检验，卫生间墙面镶贴的检验情况如下：

1) 墙面墙砖为 200 mm×300 mm，有一块墙砖空鼓。

2) 墙面平整度 1.8 mm。

3) 墙面垂直度 4.0 mm。

4) 其余质量均符合国家标准（规范）的技术要求。

（2）操作内容

根据以上检验情况对卫生间墙面镶贴作出质量判定。

（3）操作要求

1) 假定该质量检验员的检验均为正确，根据以上检验情况对卫生间墙面镶贴作出质量判定，并解释原因。

2) 写出一般判定原则。

2. 答题卷

（1）假定该质量检验员的检验均为正确，根据以上检验情况对卫生间墙面镶贴作出质量判定，并解释原因。

答案：

(2) 写出一般判定原则。

答案：

第5部分

理论知识考试模拟试卷及答案

室内装饰装修质量检验员(三级)理论知识试卷

注 意 事 项

1. 考试时间:90 min。
2. 请首先按要求在试卷的标封处填写您的姓名、准考证号和所在单位的名称。
3. 请仔细阅读各种题目的回答要求,在规定的位置填写您的答案。
4. 不要在试卷上乱写乱画,不要在标封区填写无关的内容。

	一	二	三	总分
得分				

得分	
评分人	

一、判断题(第1题~第40题。将判断结果填入括号中。正确的填"√",错误的填"×"。每题0.5分,满分20分)

1. 产品质量法对由生产者所提供的产品标识应当达到的基本要求作出了规定,生产者制作和使用的产品标识必须符合法律所规定的要求。   (   )

2. 生产者不得生产国家明令淘汰的产品。   (   )

3. 国务院计量行政部门负责建立各种计量基准器具，作为统一全国量值的最高依据。
（　）

4. 制造、修理计量器具的企业未取得《制造计量器具许可证》或者《修理计量器具许可证》的，工商行政管理部门不予办理营业执照。　　　　　　　　　　（　）

5. 计量监督员管理办法，由计量行政部门制定。　　　　　　　　　　（　）

6. 当事人依法可以委托代理人订立合同。　　　　　　　　　　　　　（　）

7. 当事人应当遵循诚实信用原则，根据合同的性质、目的和交易习惯履行通知、协助、保密等义务。　　　　　　　　　　　　　　　　　　　　　　　　　（　）

8. 当事人一方明确表示或者以自己的行为表明不履行合同义务的，对方可以在履行期限届满之前要求其承担违约责任。　　　　　　　　　　　　　　　　（　）

9. 建筑工程施工质量验收统一标准由中华人民共和国建设部、国家质量监督检验检疫总局于2001年7月20日联合发布，2002年1月1日起施行。　　　　（　）

10. 一级重大事故是指死亡40人以上，直接经济损失300万元以上的事故。（　）

11. 在混凝土收缩种类中，塑性收缩和缩水收缩（干缩）是发生混凝土体积变形的主要原因，另外还有自生收缩和炭化收缩。　　　　　　　　　　　　　（　）

12. 有防水要求的建筑地面工程的立管、套管、地漏处严禁渗漏，坡向应正确，无积水，其检验方法是观察检查和蓄水、泼水检验及坡度尺检查。　　　（　）

13. 检验记录应有人签名，以示负责，正确签名方式是有本人亲笔签名或盖本人印章。
（　）

14. 《建筑装饰装修工程质量验收规范》提出了找平层分别采用不同的组成材料的两种做法。　　　　　　　　　　　　　　　　　　　　　　　　　　　　（　）

15. 从现行国家推荐性标准《电气安装用导管的技术要求通用要求》（GB/T1338.1）的规定来分析，金属导管的内外表面应有防腐蚀的防护层且根据防腐蚀的能力高低分6个等级。　　　　　　　　　　　　　　　　　　　　　　　　　　　　（　）

16. 建筑结构的分类一般有两种分法，即结构类型和结构体系。　　　　（　）

17. 民用建筑的生活给水和消防给水各系统可以单独设置，也可以组成共用系统。
（　）

18. 《室内装饰装修材料溶剂型木器中有害物质限量》标准适用于室内装饰装修用溶剂型木器涂料，其他树脂类型和其他用途的室内装饰装修用溶剂型涂料可参照使用。（　　）

19. 职业道德是社会道德体系的重要组成部分。（　　）

20. 职业道德的主要内容是对员工权利和义务的要求。（　　）

21. 因为漏检、错检不可避免，因此检验人员可放松此方面要求。（　　）

22. 近些年来，建筑给排水的最大热点是新型管材的广泛应用。（　　）

23. 卷线器是装饰装修质量检验的辅助工具。（　　）

24. 响鼓锤是用来检测室内给水管道安装是否渗漏的专用检测仪器。（　　）

25. 在检测地面平整度前，若水准管气泡不居中，则应将检测尺放在标准水平物体上，用旋具调节水准管"M"螺钉。（　　）

26. 按输送介质的不同，室内采暖系统主要分为热水采暖、蒸汽采暖和真空采暖三大类。（　　）

27. 室内装饰装修质检站经技术监督局计量认证并审查认可，属社会技术服务性单位，对室内装饰装修工程质量控制和提高提供强有力的技术支持，为行政管理部门和法院处理室内装饰装修工程质量纠纷提供科学公正的依据。（　　）

28. 《住宅装饰装修验收标准》适用于建筑工程施工质量的验收，并作为建筑工程各专业工程施工质量验收规范编制的统一准则。（　　）

29. 原始记录必须做到真正原始，应当及时、准确、完整、客观，原始记录一要能反映现场状态的全部信息，二要能够再现，具备重现性。（　　）

30. 抽样方案是由样本量和对样本的要求两部分组成。（　　）

31. 建筑工程安全生产管理必须坚持安全第一、预防为主的方针，建立健全安全生产的责任制度和群防群治制度。（　　）

32. 吊杆、龙骨的材质、规格、安装间距及连接方式应符合设计要求。金属吊杆、龙骨应进行表面防腐处理；木龙骨应进行防腐、防火处理。（　　）

33. 同一品种的裱糊或软包工程每10间应划分为一个检验批，不足50间也应划分为一个检验批。（　　）

34. 玻璃幕墙以其亮丽、表现个性和高档的形象在城市建筑中广泛使用。（　　）

35. 室内电气安装工程的质量是一个项目精良优质与否的重要因素之一,也是直接体现建筑物使用功能的主要指标之一。   (   )

36. 木护墙板、木墙裙施工时,墙面要求平整。如墙面平整误差大于 10 mm,可采取抹灰修整的办法。   (   )

37. 木墙裙是用木龙骨、胶合板、装饰线条构造的护墙设施,在家庭装修中多用于客厅、卧室的墙体装修,一般高度为 900 mm,面板材料胶合板可充分利用。 (   )

38. 安装管架洗脸盆,应按照下水管口中位画出竖线,由地面向上量出规定的高度,在墙上画出横线,根据脸盆宽度在墙上画好印记,打直径为 120 mm 深的孔洞。 (   )

39. 净身器应安装在坚硬平整的地面上,地面须清理干净,与净身器连接的排污管需设置存水弯。   (   )

40. 面层与基层的结合必须牢固无空鼓。   (   )

得分	
评分人	

二、单项选择题（第 1 题～第 120 题。选择一个正确的答案,将相应的字母填入题内的括号中。每题 0.5 分,满分 60 分）

1. 所谓产品具有应当具有的性能,是指某一特定产品应当具有其基本的（   ）功能。
   A. 使用   B. 检验   C. 标识   D. 质量

2. 生产者之间,销售者之间,生产者与销售者之间订立的买卖合同、承揽合同有不同约定的,（   ）按照合同约定执行。
   A. 生产者   B. 销售者   C. 合同当事人 D. 消费者

3. 制造计量器具的企业、事业单位生产本单位未生产过的计量器具新产品,必须经（   ）以上人民政府计量行政部门对其样品的计量性能考核合格,方可投入生产。
   A. 县级   B. 市级   C. 省级   D. 国家

4. （   ）的计量器具不合格的,没收违法所得,可以并处罚款。
   A. 制造   B. 修理   C. 销售   D. 生产

5. 《中华人民共和国合同法》第五十三条规定中,合同中的下列免责条款无效的是（   ）。

A. 因重大误解订立的　　　　　　B. 在订立合同时显失公平的
C. 造成对方人身伤害的　　　　　D. 以合法形式掩盖非法目的

6. 旁站是在关键部位或关键工序施工过程中，由（　　）在现场进行的监督活动。
A. 监理规划　　B. 监理人员　　C. 监理工程师　　D. 项目监理

7. 《住宅室内装饰装修管理办法》规定在使用条件下工程的最低保修期限为（　　）年。
A. 1　　B. 2　　C. 3　　D. 4

8. 《建筑装饰装修工程质量验收规范》是决定装饰装修工程能否交付使用的（　　）规范。
A. 质量问题　　B. 质量控制　　C. 质量保证　　D. 质量验收

9. 《住宅装饰装修验收标准》于（　　）年发布。
A. 2000　　B. 2001　　C. 2002　　D. 2003

10. 装修人违反（　　）的规定，将住宅室内装修装饰工程委托给不具有相应资质等级企业的，由装饰行业主管部门责令改正，处 500 元以上 1 000 元以下的罚款。
A. 《资质等级证书》　　　　　　B. 《住宅室内装饰装修管理办法》
C. 《安全生产许可证》　　　　　D. 《消防安全许可证》

11. 铝合金窗窗扇的开关力应符合下列规定：推拉窗扇的开关力应不大于（　　）N。
A. 50　　B. 60　　C. 70　　D. 80

12. （　　）是建筑工程在施工单位自行质量检查评定的基础上，参与建设活动的有关单位共同对检验批、分项、分部、单位工程的质量进行抽样复验，根据相关标准以书面形式对工程质量达到合格与否做出确认。
A. 验收　　B. 见证取样检测　　C. 交接检验　　D. 进场验收

13. 属于材料因素和环境因素的，多以（　　）性缺陷为主。
A. 物理　　B. 化学　　C. 质量　　D. 环境

14. 若施工间竭时间超过所采用水泥的初凝时间，则必须等待已浇筑的混凝土强度不小于（　　）MPa 时，方可继续施工。
A. 1.16　　B. 1.17　　C. 1.18　　D. 1.19

15. （　　）的一项主要工作是通过收集数据、整理数据，找出波动的规律，把正常波动控制在最低限度，消除系统性原因造成的异常波动。

　　A. 质量管理　　　B. 质量检测　　　C. 质量控制　　　D. 质量验收

16. 预制钢筋混凝土板相邻缝底宽不应小于（　　）mm。

　　A. 10　　　　　B. 20　　　　　C. 30　　　　　D. 40

17. 结构类型是根据（　　）来区分的。

　　A. 材料　　　　　　　　　　　B. 尺寸

　　C. 结构构件组成方式　　　　　D. 组成方式

18. （　　）是指在采暖季，在室内外计算温度下，为了达到要求的室内温度，保持室内的热平衡，供暖系统在单位时间内向建筑物供给的热量。

　　A. 冷负荷　　　B. 热负荷　　　C. 自然通风　　　D. 机械通风

19. 在吊顶施工中，根据施工图先在墙、柱上弹出顶棚标高水平墨线，在顶棚上划出吊杆位置，弹线时，既要保证吊杆的间距保持在（　　）mm之间，又要使吊筋、主龙骨位置不与灯具发生冲突。

　　A. 200～500　　B. 400～800　　C. 800～1 200　　D. 900～1 200

20. 国家质量监督检验检疫总局和国家标准化管理委员会联合发布了《室内装饰装修材料有害物质限量（　　）项强制性国家标准》。

　　A. 5　　　　　B. 10　　　　　C. 15　　　　　D. 20

21. 混合后涂料中的总量。如稀释剂的使用量为某一范围时，应按照（　　）稀释量进行计算。

　　A. 最大　　　　B. 最小　　　　C. 对半　　　　D. 再进行检测

22. 总挥发性有机物是指用气相色谱非极性柱分析保留时间在正己烷和（　　）之间并包括它们在内的已知和未知的挥发性有机化合物。

　　A. 正十五烷　　B. 正十六烷　　C. 正十四烷　　D. 正十八烷

23. 行业、企业的发展有赖于高的经济效益，而高的经济效益源于高的（　　）。

　　A. 行业竞争力　B. 社会效应　　C. 员工素质　　D. 工作状态

24. 职业道德没有确定形式，通常体现为观念、（　　）、信念等。

A. 习惯 B. 风俗 C. 规范 D. 制度

25. 石材加工长度、厚度、宽度，镜面板优等品误差在上下（　　）mm。
    A. 0.2 B. 0.3 C. 0.4 D. 0.5

26. 室内材料可再分为实材、板材、（　　）、型材、线材五个类型。
    A. 点材 B. 线材 C. 面材 D. 片材

27. 暗装管道应在地沟未盖沟盖或（　　）未封闭前进行安装，其型钢支架均应安装完毕并符合要求。
    A. 吊顶 B. 立管 C. 明装管道 D. 暗装管道

28. 若极限开关选用墙上安装方式时，要安装在机房门入口处，要求开关底部距地面高度（　　）m。
    A. 1~1.1 B. 1.2~1.4 C. 1.2~1.3 D. 1.3~1.4

29. （　　）在墙面与天花板交接部分，装饰檐口线脚具有过渡、衔接的作用。
    A. 挂镜线 B. 檐口线脚 C. 踢脚板 D. 护墙板

30. 装饰施工图中的实线分为粗、中、细三种。粗实线常用于（　　）。
    A. 建筑结构轮廓线 B. 装饰结构的轮廓线
    C. 尺寸线 D. 剖面线

31. 给水管道系统由平管、立管和（　　）等组成。
    A. 支管 B. 导管 C. 明管 D. 暗管

32. 在一般家庭居室内，每人每小时需要新风量约为（　　）m³。
    A. 10 B. 20 C. 30 D. 40

33. （　　）的作用是使从冷凝器出来的高压液态制冷剂经节流阀后成为低压液态，进入蒸发器内蒸发吸热成为低压气态，然后进入压缩机内。
    A. 蒸发器 B. 空气式冷凝器 C. 节流膨胀阀 D. 电磁阀

34. 配有传统镇流器的日光灯会以（　　）Hz频率闪动，这种频闪使工作人员头晕、眼睛疲劳，降低了工作效率。
    A. 50 B. 70 C. 90 D. 100

35. 对做了顶部灯池的用户，为了延长射灯的使用寿命，最好为每盏射灯加装一个变压器，而且灯杯最好选用进口的，如欧斯朗或菲利浦的，其功率以小于（　　）W为好，这样可以节约用电，当然如果将灯多分几路则更好，这样射灯能用上三五年而无需更换。

  A. 15   B. 25   C. 35   D. 45

36. 室内装饰施工工艺流程一共有（　　）个流程。

  A. 5   B. 10   C. 15   D. 20

37. 石材、瓷质砖地面铺装后的养护十分重要，安装（　　）h后必须洒水养护，铺巾完后覆盖锯末养护。

  A. 12   B. 24   C. 38   D. 42

38. 装饰材料品种繁杂，质量及档次相差悬殊，装饰工程所用材料又受到业主的客观影响，因此，装饰施工材料控制比较麻烦。在材料进场前必须先（　　）。

  A. 报价   B. 报验   C. 回收   D. 检验

39. 装饰材料质量不包括（　　）。

  A. 装饰材料外观尺寸有无缺陷   B. 色泽有无缺陷

  C. 内在质地   D. 各种建筑物理性能

40. 住宅装饰装修后室内环境污染氡（Bp/m³）≤（　　）。

  A. 50   B. 100   C. 150   D. 200

41. 我国氨浓度标准为Ⅰ类民用建筑工程 0.2 mg/m³，Ⅱ类民用建筑工程（　　）mg/m³。

  A. 0.2   B. 0.3   C. 0.4   D. 0.5

42. （　　）是指装饰面层均以建筑结构为载体，附着于结构之上。

  A. 终结性   B. 交叉性   C. 附着性   D. 覆盖性

43. 编制（　　）承包是当前装饰施工中较常见的劳动组织形式。

  A. 每日班组   B. 工日预算班组   C. 预算班组   D. 班组

44. 编制（　　）是控制人工费的基础。

  A. 每日班组   B. 工日预算班组   C. 预算班组   D. 工日预算

45. 一类高楼的防火分区面积不超过（　　）m³。

  A. 1 000   B. 2 000   C. 3 000   D. 4 000

46. 在建工程不得在（　　）线路下方，不得搭设作业棚，建造生活设施，或堆放构件、架具、材料及其他杂物。

　　A. 高压　　　　B. 低压　　　　C. 高低压　　　　D. 变压

47. 作业层脚手板必须满铺，没有探头板，扭曲的木板不能使用，架子离墙间距不大于（　　）cm。

　　A. 5　　　　B. 10　　　　C. 15　　　　D. 20

48. 盛装液化气的钢瓶受热爆炸破裂，液化气汽化后与周围空气形成爆炸性混合物，遇火源产生化学爆炸，这属于（　　）事故类别。

　　A. 容器爆炸　　　B. 化学爆炸　　　C. 火灾　　　D. 其他爆炸

49. 沿装饰采用单排外脚手架和工具式手架时，凡高度在（　　）m以上的建筑物，首层四周必须支3 m宽的水平安全网（高层建筑支6 m宽双层网），底纹距下方物体不小于3.9 m，高层建筑不小于5 m。

　　A. 2　　　　B. 3　　　　C. 4　　　　D. 5

50. 梯子不得缺档，不得垫高，横档间距以（　　）cm为宜，梯子底部绑防滑垫；人字梯两梯夹角60°为宜，两梯间要拉牢。

　　A. 10　　　　B. 20　　　　C. 30　　　　D. 40

51. 以下不属于装饰设计质量的是（　　）。

　　A. 装饰基面的位置误差　　　　B. 是否符合建筑设计规范
　　C. 装饰设计艺术水平　　　　　D. 装饰设计是否满足建筑功能要求

52. 材料进场时比照经批准的样品检查、（　　）。装饰材料的安装之前必须再次检查把关。

　　A. 审查　　　　B. 验收　　　　C. 测验　　　　D. 其他

53. 执行施工任务单制度应注意工程内容的划分与定额范围的一致性，并对施工数量、质量、安全、材料耗用、成品保护等全面考核、验收，以此作为（　　）班组分配的依据。

　　A. 干部　　　　B. 工人　　　　C. 厂长　　　　D. 施工队

54. 上道工序的施工人员撤出工作面后，下道工序对（　　）保护负责。

　　A. 成品　　　　B. 半成品　　　　C. 制品　　　　D. 半制品

55. 门（窗）框、门（窗）扇、石材、瓷砖除有出厂质量合格证外还应有现场（　　）。

　　A. 责任划分　　B. 分配划分　　C. 权责交替　　D. 检验报告

56. 装饰施工管理水平渗透、影响并体现在装饰工程（　　）其他各要素上。

　　A. 质量　　B. 分量　　C. 设计　　D. 技术

57. 图中尺寸单位为（　　），注写到小数点后两位。

　　A. 米　　B. 厘米　　C. 毫米　　D. 英寸

58. 剖面图的图名符号应与（　　）平面图上剖切符号相对应。

　　A. 首层　　B. 底层　　C. 中层　　D. 下层

59. 立面图直接表现立面的艺术处理、外部装修、立面造型、屋顶、门、窗、雨篷、阳台、台阶、勒脚的（　　）和形式。

　　A. 方向　　B. 位置　　C. 形状　　D. 大小

60. 对于楼板下不可见墙体和门窗洞的位置（仅接板下的该层）采用（　　）画出（不用虚线表示）。

　　A. 细线　　B. 粗线　　C. 细实线　　D. 细虚线

61. 确定房屋各承重构件，如承重墙、柱等的位置用（　　）表示。

　　A. 平面布局图　　B. 定位轴线图　　C. 尺寸标注图　　D. 图例及相关符号

62. 楼梯平面图采用两平行线间距任意等分的方法划分踏步（　　）。

　　A. 宽度　　B. 长度　　C. 角度　　D. 倾斜度

63. 目前，多、高层住宅多采的结构为（　　）。

　　A. 砖木结构住宅　　　　　　B. 钢筋混凝土结构住宅

　　C. 框架结构　　　　　　　　D. 砖混结构

64. 结构施工图包括（　　）、结构布置平面图、各承重构件（基础、柱、墙、板、梁）详图、剖面图、截面图、节点大样、局部构造等详图。

　　A. 结构布置立面图　　　　　B. 结构布置平面图

　　C. 结构设计说明书　　　　　D. 结构布置顶面图

65. 室内外高差为（　　）m，墙身防潮采用 20 mm 防水砂浆，设置于首层地面垫层与面层交接处。

A. 0.1　　　　B. 0.2　　　　C. 0.3　　　　D. 0.4

66. 圆柱纵筋根数最少为（　　）根，箍筋宜采用螺旋箍，圆柱端部应有一圈半的水平段。

　　A. 2　　　　B. 4　　　　C. 6　　　　D. 8

67. 单向板荷载向（　　）支承传递，双向板向四边支承传递。

　　A. 一边　　　B. 两边　　　C. 三边　　　D. 四边

68. 假设用一水平剖切面，沿建筑物底层室内地面把整栋建筑物剖切开，移去截面以上的建筑物和基础回填土后，作水平投影，就得到（　　）。

　　A. 基础平面图　B. 基础立面图　C. 基础顶面图　D. 基础效果图

69. 基础的断面形状与埋置深度要根据（　　）的荷载及地基承载力而定。

　　A. 上部　　　B. 下部　　　C. 前部　　　D. 后部

70. （　　）楼盖的优点是整体刚度好，适应性强；缺点是模板用量较多，现场浇灌工作量大，施工工期较长，造价比装配式高。

　　A. 整体式　　B. 分体式　　C. 偏体式　　D. 挂式

71. 对于一些平面尺寸不大或局部的（　　）楼盖，常把板的钢筋布置和预留孔洞的位置一同画在结构布置图上。

　　A. 现浇　　　B. 分体浇　　C. 立现浇　　D. 预浇

72. 投射线汇交于一点的投影法称为中心投影法。用中心投影法得到的投影称为（　　）投影。

　　A. 中心　　　B. 相交　　　C. 透视　　　D. 垂直

73. 点的投影连线（　　）于投影轴。

　　A. 垂直　　　B. 平行　　　C. 相交　　　D. 倾斜

74. 只平行于一个投影面，而对另外两个投影面（　　）的直线称为投影面平行线。

　　A. 重合　　　B. 垂直　　　C. 相交　　　D. 倾斜

75. 垂直于一个投影面，而（　　）于另外两个投影面的平面称为投影面垂直面。

　　A. 重合　　　B. 垂直　　　C. 相交　　　D. 倾斜

76. 平面上垂直于该平面的某一投影面平行线的直线，是平面上对这个投影面的最大

（　　）度线，它与这个投影面的倾角，也就是平面与这个投影面的倾角。

A. 重合　　　　B. 垂直　　　　C. 相交　　　　D. 倾斜

77. 单幢建筑或多幢建筑合用太阳能热水器，并设置热水箱，用作户内热水器预热水源，（　　）内设置快速热水器。

A. 单户　　　　B. 多户　　　　C. 多栋　　　　D. 单栋

78. 测量家用电器的绝缘电阻，可以选用（　　）V兆欧表（俗称摇表）。

A. 200　　　　B. 300　　　　C. 400　　　　D. 500

79. 试压泵上配备的（　　）需要定期检定。

A. 压力表　　　B. 试压泵　　　C. 水表　　　　D. 阀门

80. 木门窗框正、侧面垂直度的检测，是把线坠的小垂球拉下至1.0 m处，然后用（　　）上下测量被测表面到垂线间的间距。

A. 钢直尺　　　B. 压力表　　　C. 水平尺　　　D. 试压泵

81. 通风方式根据不同的建筑物情况，设置不同的通风系统。当污浊空气或有害气体在大范围内产生和蔓延时，需要进行（　　）。

A. 全面通风　　B. 局部通风　　C. 送风　　　　D. 排风

82. 用做风管的材料有薄钢板、（　　）、胶合板、纤维板、矿渣石膏板、砖及混凝土等。

A. 硬聚氯乙烯塑料板　　　　　　B. 塑料
C. PV板材　　　　　　　　　　D. 轻刚龙骨

83. 建筑工程是指为新建、改建或扩建房屋建筑物和附属构筑物设施所进行的规划、勘察、设计和施工、竣工等各项技术工作和完成的（　　）。

A. 工程实体　　B. 实体　　　　C. 建筑内部　　D. 建筑外部

84. 原始记录必须真正原始，原始记录是从仪器、仪表上（　　）读取的数值，不经过任何加工。

A. 间接　　　　B. 直接　　　　C. 分别　　　　D. 正常

85. 实验室为保证检验工作的质量，尤其是保证原始记录的真实性和有效性，一般对原始记录执行"（　　）"制度，经验证明，它是一个十分成功而有效的方法。

A. 三级审核　　　B. 一级审核　　　C. 二级审核　　　D. 四级审核

86. 对于防水材料而言，大多是应用于（　　）中，该类产品存在如此之多的质量问题，这对于保证装修质量的长期稳定仍然是严重的隐患。

A. 隐蔽装修工程　B. 装修工程　　C. 隐藏装修工程　D. 设计工程

87. 地漏安装标高应正确，地漏接口安装好防水托盘后，仍应低于地面（　　）mm，以保证满足地面排水坡度。

A. 10　　　　　B. 20　　　　　C. 30　　　　　D. 40

88. 门窗洞口木砖和铁件的预留位置应距洞口上下五皮砖，中间距离不大于（　　）mm。

A. 300　　　　B. 400　　　　C. 500　　　　D. 700

89. 室内装修用油漆、涂料尽量采用（　　）材料。

A. 耐酸　　　　B. 耐热　　　　C. 耐碱　　　　D. 防潮

90. 用湿作业法施工的饰面板工程，石材应进行（　　）背涂处理。饰面板与基体之间的灌注材料应饱满、密实。

A. 耐酸　　　　B. 耐热　　　　C. 耐碱　　　　D. 防火

91. 座便器安装时，对准座便器后尾中心，划垂直线，在距地面（　　）mm 高度划水平线，根据水箱背面两个边孔的位置，在水平线上划印记，在印孔地方打直径 30 mm、深 70 mm 的孔洞。

A. 200　　　　B. 400　　　　C. 600　　　　D. 800

92. 常用墙面防水构造分为（　　）种。

A. 1　　　　　B. 2　　　　　C. 3　　　　　D. 4

93. 石材放射性是指石材中含有的镭、钍、钾三种放射性元素在衰变中产生的放射性物质，主要为"（　　）"气。

A. 氡　　　　　B. 钍　　　　　C. 镭　　　　　D. 钾

94. 铺贴陶瓷地面砖前应弹好线，在地面弹出与门道口成（　　）的基准线，弹线应从门口开始，以保证进口处为整砖，非整砖置于阴角或家具下面，弹线应弹出纵横定位控制线。

A. 直角　　　　B. 锐角　　　　C. 钝角　　　　D. 平角

95. 一般地面石材的铺装，在基层地面已经处理完、辅助材料齐备的前提下，每个工人每天铺装（　　）m³ 左右。

A. 2　　　　B. 4　　　　C. 6　　　　D. 8

96. 基地板块在铺装前应进行脱脂（　　）处理。

A. 脱蜡　　　　B. 脱水　　　　C. 脱油　　　　D. 脱干

97. 地毯铺装对基层地面的要求较高，地面必须平整洁净，含水率得大于（　　）%。

A. 2　　　　B. 4　　　　C. 6　　　　D. 8

98. （　　）不好会影响地毯图案的连贯，没有很好的光亮度意味着地毯织做后期的化学处理未掌握好，这些直接都影响手工纯毛、纯丝地毯的艺术品位与保值性。

A. 剪活　　　　B. 织活　　　　C. 撣活　　　　D. 细活

99. 水泥砂浆抹灰施工中"阴阳角找方"后一步操作是（　　）。

A. 规方　　　　B. 冲筋　　　　C. 抹灰　　　　D. 阴阳角找方

100. 窗帘盒的规格为高（　　）mm 左右。

A. 100　　　　B. 200　　　　C. 300　　　　D. 400

101. 制作窗帘盒使用大芯板，如饰面为清油涂刷，应做与窗框套同材质的饰面板粘贴，粘贴面为窗帘盒的外侧面及（　　）。

A. 底面　　　　B. 顶面　　　　C. 侧面　　　　D. 前面

102. 为便于检查维修暖气散热片，暖气罩的长度应比散热片长（　　）mm。

A. 100　　　　B. 200　　　　C. 300　　　　D. 400

103. 在进行吊顶和（　　）设计时，就应进行配套的窗帘盒设计，才能起到提高整体装饰效果的作用。

A. 墙角线　　　　B. 吊顶　　　　C. 包窗套　　　　D. 窗帘盒

104. 木基层应刨平，无毛刺戗茬，无外露钉头，接缝钉眼用（　　）补平满刮腻子，打磨平整。

A. 腻子　　　　B. 石灰　　　　C. 水泥　　　　D. 胶水

105. 涂刷底胶一般使用 107 胶，底胶（　　）遍成活，但不能有遗漏。

A. 1　　　　　B. 2　　　　　C. 3　　　　　D. 4

106. 裱贴玻璃纤维墙布和无纺墙布时，（　　）不能刷胶粘剂，因为墙布有细小孔隙，胶粘剂会印透表面而出现胶痕，影响美观。

A. 背面　　　B. 正面　　　C. 前面　　　D. 侧面

107. 钉木钉时，护墙板顶部要拉线（　　），木压条规格尺寸要一致。

A. 找平　　　B. 拉线　　　C. 找规　　　D. 抹平

108. 木墙裙施工过程中，在墙面标高控制线下侧（　　）mm 处打孔，在分档线上打孔，打入经过防腐处理的木模，然后对墙面进行防潮、阻燃处理。

A. 10　　　　B. 20　　　　C. 30　　　　D. 40

109. 青石板墙面构造和施工工艺可采用与（　　）类似的方法粘贴。

A. 釉面砖　　B. 瓷砖　　　C. 大理石　　D. 木材

110. G.P.C 这种施工方法主要应用于（　　）m 以上的高层和超高层建筑墙面石板材的安装。

A. 10　　　　B. 20　　　　C. 30　　　　D. 40

111. 瓷砖镶贴完，用棉丝将表面擦净，然后用（　　）擦缝。

A. 白水泥浆　B. 腻子　　　C. 水泥　　　D. 胶水

112. "排砖"在墙贴面类装饰中属于第（　　）个步骤。

A. 2　　　　　B. 3　　　　　C. 4　　　　　D. 5

113. 玻璃砖宽度应大于玻璃砖厚度（　　）mm 以上。

A. 10　　　　B. 20　　　　C. 30　　　　D. 40

114. "镜面玻璃安装工艺"里，"清理基层"是第（　　）个步骤。

A. 1　　　　　B. 2　　　　　C. 3　　　　　D. 4

115. 底子油干透后，满刮第一遍腻子，干后以手工砂纸打磨，然后补高强度腻子，（　　）以挑丝不倒为准。

A. 腻子　　　B. 水泥　　　C. 清油　　　D. 胶水

116. "涂刷乳胶漆主要施工工艺"里，"清扫基层"是第（　　）个步骤。

A. 1　　　　　B. 2　　　　　C. 3　　　　　D. 4

117. 乳胶漆涂刷的施工温度高于（　　）℃。施工时室内不能有大量灰尘，最好避开雨天。

　　　A. 10　　　　　B. 20　　　　　C. 30　　　　　D. 40

118. "复补腻子，磨平"是涂刷乳胶漆主要施工工艺的第（　　）个步骤。

　　　A. 2　　　　　B. 4　　　　　C. 5　　　　　D. 7

119. "轻钢龙骨、铝合金龙骨吊顶"里，"弹线"是第（　　）个步骤。

　　　A. 1　　　　　B. 2　　　　　C. 3　　　　　D. 4

120. 格栅骨架安装时应根据设计弹出标高控制线和吊杆安装线，在墙面及顶棚钻孔下木模，顶棚吊件应用（　　）固定在龙骨的里面挂钩上。

　　　A. 粗金属丝　　　B. 细金属丝　　　C. 金属丝　　　D. 铜丝

得分	
评分人	

三、多项选择题（第1题～第20题。选择两个以上正确的答案，将相应的字母填入题内的括号中。每题1分，满分20分）

1. 建设工程施工质量应按下列要求进行验收：（　　）。

　　A. 建筑工程施工质量应符合本标准和相关专业验收规范的规定

　　B. 建筑工程施工应符合工程勘察、设计文件的要求

　　C. 参加工程施工质量验收的各方人员应具备规定的资格

　　D. 工程质量的验收均应在施工单位自行检查评定的基础上进行

　　E. 隐蔽工程在隐蔽前应由施工单位通知有关单位进行验收，并应形成验收文件

2. 质量检验就是对产品的一个或多个质量特性进行（　　），并将结果和规定的质量要求进行比较，以确定合格情况的技术性检查活动。

　　A. 测量　　　　B. 试验　　　　C. 记录　　　　D. 观察

　　E. 分析

3. 建筑设备安装中常用的管材从质量方面应具备以下基本要求：（　　）。

　　A. 有一定的机械强度和刚度

　　B. 管壁厚度均匀，材质密实

C. 内外表面平整光滑，内表面粗糙度小

D. 化学性能和热稳定性好

E. 材料可塑性好，易于煨弯、切削

4. 国家标准——《室内装饰装修材料胶粘剂中有害物质限量》，规定了室内建筑装饰装修用胶粘剂中有害物质（　　）。

　　A. 限量　　　　B. 试验方法　　　C. 检验规则　　　D. 抽样

5. 职业道德是（　　）的总和。

　　A. 道德准则　　B. 道德情操　　　C. 道德思想　　　D. 道德品质

　　E. 道德行为

6. 职业道德的社会作用具体表现在（　　）。

　　A. 调节职业交往中从业人员内部以及从业人员与服务对象间的关系

　　B. 有助于维护和提高本行业的信誉

　　C. 促进本行业的发展

　　D. 有助于提高全社会的道德水平

7. 室内装饰装修行业质检人员的行为规范包括（　　）。

　　A. 遵纪守法　　B. 严格检验　　　C. 接受监督　　　D. 严格自律

　　E. 关心同志

8. 建筑涂料可分为（　　）和屋面涂料。

　　A. 外墙涂料　　B. 内墙涂料　　　C. 顶棚涂料　　　D. 地面涂料

9. 采暖管道在系统试压合格后，也应对系统进行冲洗并清扫（　　）。

　　A. 采暖器　　　B. 过滤器　　　　C. 除污器　　　　D. 净水器

10. 钢混结构住宅这类住宅的结构材料是（　　）。

　　A. 钢筋　　　　　　　　　　　　B. 水泥

　　C. 粗细骨料（碎石）　　　　　　D. 水

11. 工人操作水平主要包括（　　）。

　　A. 工人对装饰工艺掌握的熟练程度　　B. 工人的劳动态度

　　C. 工人的劳动纪律　　　　　　　　　D. 工人的出勤率

12. 下列属于甲醛中毒现象的是（   ）。
    A. 呼吸道强烈刺激　　　　　　B. 肺水肿
    C. 咽喉灼痛　　　　　　　　　D. 流泪

13. 常见的通风系统主要设备和部件是由（   ）送风口组成的。
    A. 进（排）风口　　　　　　　B. 空气处理室
    C. 风机　　　　　　　　　　　D. 风道

14. "三级审核"的内容一般包括（   ）。
    A. 重点是原始记录的真实性
    B. 重点是原始记录的完整性和有效性
    C. 重点是原始记录的规范化和合理性
    D. 第一级审核的主要内容

15. 以下（   ）属于天然花岗岩、大理石板材墙面施工工艺。
    A. 安装基层钢筋网　　　　　　B. 板材钻孔
    C. 绑扎板材　　　　　　　　　D. 灌浆

16. 安装（   ）时，应将木楞两端伸入砖墙内至少 120 mm，以保证隔断墙与原结构墙连接牢固。
    A. 沿地　　　B. 沿顶木楞　　　C. 沿顶术楞　　　D. 基层

17. 木材油漆主要施工工艺注意事项包括（   ）。
    A. 基层处理要按要求施工，以保证表面油漆涂刷不会失败
    B. 清理周围环境，防止尘土飞扬
    C. 因为油漆都有一定毒性，对呼吸道有较强的刺激作用，有些人还会有过敏，因此，施工中一定要注意做好通风
    D. 木材表面颜色不匀、有色斑的，可对木材进行脱色处理

18. 涂刷乳胶漆注意事项包括（   ）。
    A. 腻子应与涂料性能配套，坚实牢固，不得粉化、起皮、裂纹
    B. 卫生间等潮湿处使用耐水腻子
    C. 涂液要充分搅匀，黏度太大可适当加水，黏度小可加增稠剂

D. 施工温度高于10℃。室内不能有大量灰尘，最好避开雨天

19. 木格栅吊顶是家庭装修（　　）及有较大顶梁等空间经常使用的方法。

　　A. 走廊　　　　　B. 玄关　　　　　C. 餐厅　　　　　D. 客厅

20. 以下属于藻井式吊顶的验收内容的是（　　）。

　　A. 安装牢固，各界面交接处无裂缝

　　B. 灯具布局合理，横竖对称，开关灵活有效

　　C. 装饰线安装平直，表面涂料漆膜平滑、光亮，无流坠、气泡、皱纹等质量缺陷

　　D. 防水

室内装饰装修质量检验员（三级）理论知识试卷答案

一、判断题（第1题～第40题。将判断结果填入括号中。正确的填"√"，错误的填"×"。每题0.5分，满分20分）

1. √   2. √   3. √   4. √   5. ×   6. √   7. √   8. √   9. √
10. ×   11. √   12. √   13. √   14. √   15. √   16. √   17. √   18. √
19. √   20. √   21. ×   22. √   23. √   24. √   25. ×   26. √   27. √
28. √   29. √   30. √   31. √   32. √   33. ×   34. √   35. √   36. ×
37. √   38. √   39. √   40. √

二、单项选择题（第1题～第120题。选择一个正确的答案，将相应的字母填入题内的括号中。每题0.5分，满分60分）

1. A   2. C   3. C   4. D   5. C   6. B   7. B   8. D   9. D
10. B   11. C   12. A   13. B   14. C   15. A   16. B   17. A   18. B
19. C   20. B   21. A   22. B   23. C   24. A   25. D   26. D   27. A
28. B   29. B   30. A   31. B   32. C   33. A   34. A   35. C   36. B
37. B   38. B   39. B   40. D   41. D   42. C   43. D   44. D   45. A
46. C   47. D   48. A   49. C   50. C   51. A   52. B   53. B   54. A
55. D   56. A   57. A   58. B   59. B   60. C   61. B   62. A   63. B
64. C   65. C   66. D   67. B   68. A   69. A   70. A   71. A   72. A
73. A   74. D   75. D   76. D   77. A   78. D   79. A   80. A   81. A
82. A   83. A   84. B   85. B   86. A   87. B   88. D   89. D   90. D
91. D   92. B   93. A   94. B   95. C   96. B   97. D   98. A   99. A
100. A   101. A   102. A   103. C   104. A   105. A   106. A   107. A   108. A
109. A   110. C   111. A   112. D   113. B   114. A   115. A   116. A   117. A
118. D   119. A   120. A

三、多项选择题（第1题～第20题。选择两个以上正确的答案，将相应的字母填入题内的括号中。每题1分，满分20分）

1. ABCDE 2. ACD 3. ABCDE 4. AB 5. ABD 6. ABCD 7. ABCD
8. ABCD 9. BC 10. ABCD 11. ABC 12. ABCD 13. ABCD 14. ABC
15. ABCD 16. AB 17. ABC 18. ABCD 19. ABC 20. ABC

第6部分

操作技能考核模拟试卷

注 意 事 项

1. 考生根据操作技能考核通知单中所列的试题做好考核准备。
2. 请考生仔细阅读试题单中具体考核内容和要求,并按要求完成操作或进行笔答或口答,若有笔答请考生在答题卷上完成。
3. 操作技能考核时要遵守考场纪律,服从考场管理人员指挥,以保证考核安全顺利进行。

注:操作技能鉴定试题评分表及答案是考评员对考生考核过程及考核结果的评分记录表,也是评分依据。

国家职业资格鉴定

室内装饰装修质量检验员(三级)操作技能考核通知单

姓名:

准考证号:

考核日期:

试题 1

试题代码：1.1.6。

试题名称：全装修住宅的公共走道、台阶、踏步等部位的施工质量验收依据是什么？

考核时间：30 min。

配分：20 分。

试题 2

试题代码：2.1.2。

试题名称：室内通信网络系统安装分部的质量检验。

考核时间：60 min。

配分：30 分。

试题 3

试题代码：2.2.3。

试题名称：明龙骨吊顶安装质量通病分析。

考核时间：60 min。

配分：20 分。

试题 4

试题代码：3.1.5。

试题名称：镶贴分项现场检验的操作步骤。

考核时间：30 min。

配分：30 分。

室内装饰装修质量检验员（三级）操作技能鉴定

试 题 单

试题代码：1.1.6。
试题名称：全装修住宅的公共走道、台阶、踏步等部位的施工质量验收依据是什么？
考核时间：30 min。

室内装饰装修质量检验员（三级）操作技能鉴定

答 题 卷

考生姓名： 准考证号：

试题代码：1.1.6。

试题名称：全装修住宅的公共走道、台阶、踏步等部位的施工质量验收依据是什么？

考核时间：60 min。

答：

室内装饰装修质量检验员（三级）操作技能鉴定

试题评分表及答案

考生姓名： 准考证号：

试题代码：1.1.6。

试题名称：全装修住宅的公共走道、台阶、踏步等部位的施工质量验收依据是什么？

考核时间：30 min。

评分表：

评价要素	配 分	得 分
1	8	
2	6	
3	6	
合 计	20	

考评员（签名）：

参考答案：

1. 依据《建筑装饰装修工程质量验收规范》。（8分）
2. 依据《建筑地面工程施工质量验收规范》。（6分）
3. 配合使用《建筑工程施工质量验收统一标准》。（6分）

应依据 GB50210—2001《建筑装饰装修工程质量验收规范》，GB50209—2002《建筑地面工程施工质量验收规范》和 GB50300—2001《建筑工程施工质量验收统一标准》的要求进行验收。前两者是公共走道、台阶、踏步等部位的施工质量专业验收规范，而后者为施工质量验收工作的统一标准，应配合使用，共同作为验收的依据。

室内装饰装修质量检验员(三级)操作技能鉴定

试 题 单

试题代码:2.1.2。

试题名称:室内通信网络系统安装分部的质量检验。

考核时间:60 min。

1. 操作条件

系统安装已完毕。

2. 操作内容

(1) 检验。

(2) 质量判定。

3. 操作要求

(1) 写出室内通信网络系统检验的主要程序。

(2) 写出室内通信网络系统检验时需查验的资料。

(3) 写出室内通信网络系统材料及产品质量检查的内容。

(4) 写出室内通信网络系统检验时三个系统检测的内容。

(5) 写出室内通信网络系统的检测方法和顺序。

(6) 写出室内通信网络系统质量判定原则。

(7) 以有线电视检测为例,写出其检测的主要技术指标和检测数量(位置)。

室内装饰装修质量检验员（三级）操作技能鉴定

答 题 卷

考生姓名： 准考证号：

试题代码：2.1.2。

试题名称：室内通信网络系统安装分部的质量检验。

考核时间：60 min。

1. 写出室内通信网络系统检验的主要程序。

答案：

2. 写出室内通信网络系统检验时需查验的资料。

答案：

3. 写出室内通信网络系统材料及产品质量检查的内容。
答案：

4. 写出室内通信网络系统检验时三个系统检测的内容。
答案：

5. 写出室内通信网络系统的检测方法和顺序。
答案：

6. 写出室内通信网络系统质量判定原则。
答案：

7. 以有线电视检测为例，写出其检测的主要技术指标和检测数量（位置）。
答案：

室内装饰装修质量检验员（三级）操作技能鉴定

试题评分表及答案

考生姓名：　　　　　　　　准考证号：

试题代码：2.1.2。

试题名称：室内通信网络系统安装分部的质量检验。

考核时间：60 min。

评分表：

评价要素	配 分	得 分
1	1	
2	5	
3	4	
4	3	
5	5	
6	5	
7	7	
合　　计	30	

考评员（签名）：

参考答案：

	操作要求	配分	试题参考答案与评分要素	得分
1	程序	1	室内通信网络系统质量验收应按"先产品、后系统，先各系统，后系统集成"的顺序进行。所以要对通信网络系统安装子分部的质量进行检验，应先产品质量检查，后各子系统检测，最后对系统进行验收	1

续表

操作要求		配分	试题参考答案与评分要素	得分
2	查验资料	5	已审批的施工图及设计文件	1
			现场质量管理检查制度和施工技术措施	1
			设备、材料进场验收记录	1
			过程质量记录	1
			设备检测记录及系统测试记录	1
3	材料及产品质量检查	4	强制性产品认证证明	1
			未认证产品按规定程序检测证明	1
			安全性、可靠性及电磁兼容性的检测报告	1
			进口产品的中文质量合格证明,检测报告,包括安装、使用、维护说明书等文件资料	1
4	系统检测	3	系统检查测试:主要进行硬件通电测试和系统功能测试	1
			初验测试:主要进行可靠性、接通率和基本功能的测试	1
			试运行验收测试:主要进行联网运行和故障测试	1
5	检测方法和顺序	5	施工人员必须对检测项目逐项自检	1
			检验人员采用现场观察、核对施工图、抽查测试	1
			明确试运行周期	1
			编制系统检测方案报批	1
			检测机构按方案检测	1
6	系统质量判定与处置	5	主控项目有一项不合格,则系统检测不合格	1
			一般项目两项或两项以上不合格,则系统检测不合格	1
			系统不合格应限期整改,重新检测	1
			重新检测时抽查数量应加倍,直至检测合格	1
			施工验收时应提交整改结果报告	1
7	有线电视检测的主要技术指标和检测数量	7	系统输出电平（dBμV）	检验数量:系统内的所有频道	0.5
				标准要求:60~80	
			系统载噪比	检验数量:系统总频道的10%但不少于5个,不是5个全检,但分布于整个工作频段的高、中、低段	0.5
				标准要求:无噪波,即无"雪花干扰"	

续表

操作要求		配分		试题参考答案与评分要素		得分
7	有线电视检测的主要技术指标和检测数量	7	载波互调比	检验数量：系统总频道的10%但不少于5个，不是5个全检，但分布于整个工作频段的高、中、低段		1
				标准要求：图像中无垂直、倾斜或水平条纹。		
			交扰调制比	检验数量：系统总频道的10%但不少于5个，不是5个全检，但分布于整个工作频段的高、中、低段		1
				标准要求：图像中无移动、垂直或斜图案，即无"窜台"		
			回波值	检验数量：系统总频道的10%但不少于5个，不是5个全检，但分布于整个工作频段的高、中、低段		1
				标准要求：图像中无沿水平方向分布在右边一条或多条轮廓线，即无"重影"		
			色/亮度时延差	检验数量：系统总频道的10%但不少于5个，不是5个全检，但分布于整个工作频段的高、中、低段		1
				标准要求：图像中色、亮信息对齐，即无"彩色鬼影"		
			载波交流声	检验数量：系统总频道的10%但不少于5个，不是5个全检，但分布于整个工作频段的高、中、低段		1
				标准要求：图像中无上下移动的水平条纹，即无"滚道"现象		
			伴音和调频广播的声音	检验数量：系统总频道的10%但不少于5个，不是5个全检，但分布于整个工作频段的高、中、低段		1
				标准要求：无背景噪声，如咝咝声、响声、蜂鸣声和串声等		

室内装饰装修质量检验员（三级）操作技能鉴定

试 题 单

试题代码：2.2.3。

试题名称：明龙骨吊顶安装质量通病分析。

考核时间：60 min。

背景资料：

某装饰装修工程明龙骨吊顶分项经检验发现以下质量问题：

1. 吊顶局部下沉。
2. 吊顶与墙柱面、隔断、窗帘盒、变标高各层间连接不平、不密合、不平顺方正。
3. 暴露在吊顶下各设施与罩面板衔接不吻合，与龙骨相矛盾。

操作要求：

请分析产生以上质量问题的技术原因。

室内装饰装修质量检验员（三级）操作技能鉴定

答 题 卷

考生姓名： 准考证号：

试题代码：2.2.3

试题名称：明龙骨吊顶安装质量通病分析。

考核时间：60 min。

1. 分析吊顶局部下沉的产生原因。

答案：

2. 分析吊顶与墙柱面、隔断、窗帘盒、变标高各层间连接不平、不密合、不平顺方正的产生原因。

答案：

3. 分析暴露在吊顶下各设施与罩面板衔接不吻合，与龙骨相矛盾的产生原因。

答案：

室内装饰装修质量检验员（三级）操作技能鉴定

试题评分表及答案

考生姓名：　　　　　　　　准考证号：

试题代码：2.2.3

试题名称：明龙骨吊顶安装质量通病分析。

考核时间：60 min。

评分表：

评价要素	配分	得分
1	8	
2	8	
3	4	
合　计	20	

考评员（签名）：

参考答案：

	操作要求	配分	试题参考答案与评分要素	得分
1	吊顶局部下沉的产生原因	8	吊点与结构基体固定不牢	2
			吊杆连接不牢，产生松脱	2
			吊杆强度不够，产生拉伸变形	2
			局部人为踩踏或增加意外荷载	1
			吊杆未事先进行拉直	1
2	吊顶与墙柱面、隔断、窗帘盒、变标高各层间连接不平、不密合、不平顺方正的产生原因	8	各连接处连接方法未按设计及有关规定施工	2
			各连接面本身施工或安装不牢固、不平顺方正	2
			墙柱面抹灰尘不平整，阴阳角不方正	2
			隔断顶部龙骨及整个墙身龙骨刚度不够	1
			各连接杆件下料不准	1

续表

操作要求	配分	试题参考答案与评分要素	得分
3 暴露在吊顶下各设施与罩面板衔接不吻合，与龙骨相矛盾的产生原因	4	安装前未与其他专业安装工种通气配合	1
		绘制的吊顶平面布置图不当	1
		在罩面板上钻孔不准	1
		缺乏镶边措施	1

室内装饰装修质量检验员（三级）操作技能鉴定

试 题 单

试题代码：3.1.5。

试题名称：镶贴分项现场检验的操作步骤。

考核时间：30 min。

1. 操作条件

卫生间墙面瓷砖镶贴为满贴。

2. 操作内容

写出镶贴分项现场检验的操作步骤。

3. 操作要求

以卫生间墙面瓷砖镶贴为例，简述镶贴分项现场检验的操作步骤。

室内装饰装修质量检验员（三级）操作技能鉴定

答 题 卷

考生姓名：　　　　　　　　　准考证号：

试题代码：3.1.5。

试题名称：镶贴分项现场检验的操作步骤。

考核时间：30 min。

简述镶贴分项现场检验的操作步骤。

答案：

室内装饰装修质量检验员（三级）操作技能鉴定

试题评分表及答案

考生姓名： 准考证号：

试题代码：3.1.5。

试题名称：镶贴分项现场检验的操作步骤。

考核时间：30 min。

评分表：

评价要素	配 分	得 分
1	30	
合　　计	30	

考评员（签名）：

参考答案：

试题/参考答案	配分	试题参考答案与评分要素	得分
镶贴分项现场检验的操作步骤与内容	30	写出"a"	5
		写出"b"	5
		写出"c"	5
		写出"d"	5
		写出"e"	5
		写出"f"	5
参考答案		a. 用响鼓锤全数检验墙面砖牢固（是否空鼓）情况，与此同时目测墙面砖表面质量，并作出记录 b. 用工程检测尺检测墙面砖的垂直度与平整度，并作出记录。检测垂直度时使用 1 m 检测尺，检测平整度时使用 2 m 检测尺与塞尺	

续表

试题/参考答案	配分	试题参考答案与评分要素	得分
参考答案		c. 用工程直角检测尺检测墙面砖的阴阳角方正度，并作出记录 d. 用钢直尺与塞片检测墙面砖的接缝高低差，并作出记录 e. 用钢直尺与拉线检测墙面砖的接缝直线度，并作出记录 f. 用钢直尺检测墙面砖的接缝宽度，并作出记录 注：以上各步骤顺序可以互换	